钢笔建筑画与视觉笔记

刘辉 著

中国电力出版社

内容提要

　　"视觉笔记"为同济大学建筑学院一年级基础美术课程的创新内容。其通过实习写生，教授学生一种新的表现方法，即把建筑构件、建筑局部等分门别类，用手绘的形式，辅以文字说明，表现在八开大小的画纸上。本书作者，将其在同济大学多年"视觉笔记"课程的教学经验总结归纳，从钢笔建筑画的写生技法讲起，配以建筑写生步骤图图例，以此讲解建筑画的特点、画法、技巧；之后过渡到校园小景写生、城市建筑景观写生；再到古民居、水乡古镇视觉笔记表现赏析。书中大量写生作品可供学生临摹，并于最后附有建筑钢笔画与视觉笔记的教学安排，以供相关院校教师参考借鉴。本书适合高等院校建筑学、环境艺术设计、城市规划设计，以及相关专业师生，也适合建筑美术爱好者参考与借鉴。

图书在版编目（CIP）数据

钢笔建筑画与视觉笔记／刘辉著. —北京：中国电力出版社，2016.5
ISBN 978-7-5123-9166-6

Ⅰ．①钢… Ⅱ．①刘… Ⅲ．①建筑艺术－钢笔画－绘画技法－高等学校－教材 Ⅳ．①TU204

中国版本图书馆CIP数据核字(2016)第071274号

中国电力出版社出版发行
北京市东城区北京站西街19号　　100005　　http://www.cepp.sgcc.com.cn
责任编辑：王　倩
责任印制：蔺义舟　　　　责任校对：郝军燕
北京盛通印刷股份有限公司印刷·各地新华书店经售
2016年5月第1版·第1次印刷
889mm×1194mm 1/16·9.5印张·319千字
定价：45.00元

　　十年前，从前辈严忠林老师那里看到"视觉笔记"这一教学方式，感觉新奇和敬佩。当初，严老师的"视觉笔记"主要是在实习最后两天把建筑构件、建筑局部等分门别类，加以手绘以及文字组织在八开大小的画纸上。这种手绘与文字结合的形式很好地解决了写生与建筑基础知识的融合问题，加深了同学们学习的兴趣与学习深度。建筑院校的同学们大多没有美术基础，让全部同学都能画好建筑场景过于困难，一些同学常丧失自信，觉得画画太难，反正基础差学不会，慢慢也就放弃了，只求及格。若我们采取从建筑构件、局部画起，比如门锁、门窗等分门别类开始画，同学们就不会有这种困扰，再加上他们的建筑基础知识说起来头头是道，画起来也就有了眉目。文图并茂的"视觉笔记"激励他们克服一个个绘画上的困难，文字的记录也促使他们勤于观察思考，学以致用。

　　也是因为这"视觉笔记"的缘故，觉得素描写生运用钢笔绘画，色彩写生运用钢笔加马克笔更为方便快捷，这些年来我带学生实习就常常采用钢笔与马克笔来进行教学。本书从钢笔建筑画的写生技法讲起，配以建筑写生步骤图图例，以此来说明、讲解建筑画的特点、画法、技巧；依次过渡到校园小景写生、城市建筑景观写生，再到古民居建筑、水乡古镇的视觉笔记表现赏析。

　　无论是钢笔建筑绘画还是我们的"视觉笔记"，其成功的公式都是持久认真的学习态度加上正确的学习方法，两者缺一不可，也就是所谓的"天道酬勤"。钢笔建筑绘画风格多种多样，并不是都要求详整无缺、面面俱到，写生绘画更加注重生动活泼、严谨朴实。多画、多练，做到"眼到、心到、手到"，所有线条必须落笔清晰、肯定，才可以在纸端指间游刃有余，得到理想的画面。在绘画技巧上还要结合自己的条件和特长，不断地探索与创新，否则只能单纯地模仿别人，影响个性的发展。要善于分析、比较、提炼和概括，从中找出规律性的内涵，寻求出正确的绘画方法和技巧。一幅优秀的建筑钢笔画作品或"视觉笔记"，不但与绘画的技法有关，还与作者的素质和修养有着密切的关系，艺术素养越深，见识越广，绘画的表现能力就越强，越能创作出优秀的作品。

　　走出去，到生活中去，到大自然中去，多学习，多写生，这对于培养和提高我们作画的构图能力、取舍能力、透视能力、造型能力及画面处理能力尤为重要。只有这样，才能最有效地培养我们敏锐的观察力和艺术概括力，提高我们的形象思维能力和艺术素养。

目　录

一

钢笔画概述及

写生技法

在经过一个学期的素描学习之后，同学们对形体、比例、结构以及光影明暗、质感肌理的表达有了一定的认识。考虑到建筑学科的自身特点，为了培养掌握手绘的表达能力，也为了提升他们的艺术素养，第二学期我们的造型基础课程便从室内素描的学习转到室外建筑风景的素描训练。当然，室外的学习不仅是工具材料的变化以及表现形式的转换，教学进度、出行安全、景点的选择等方方面面也都要尽量考虑周全，确保同学们室外学习的顺利进行。室内素描学习时可以慢慢地描绘，追求细腻层次的表达；室外写生则考虑工具材料是否携带方便，更加强调景物的透视变化、观察取景、如何构图，以及技法、技巧的表现处理等。

目前国内建筑院校的造型基础实习大多以铅笔、钢笔画为主。钢笔画表现力强，其工具又便于携带，在外出写生中使用起来较为方便；同时在用于建筑设计的素材收集、草图构思与方案表达上，钢笔画均提供了一种便利、快速的图示语言与表达形式，这也是我们以钢笔建筑画为出发点来学习的原因。

（一）工具材料及性能表现

学习要点

★了解、掌握钢笔建筑画所需要的工具材料与性能

★通过图例对不同工具材料及所作的建筑画有个感性认识

1. 画笔

钢笔画笔主要有普通钢笔、中性水笔、笔尖弯过的美工笔等。"工欲善其事，必先利其器"，下面我们介绍几种常见的画笔。

（1）普通钢笔、针管笔、中性水笔

普通钢笔、针管笔、中性水笔使用方便，有易存放、复制等优点，在建筑写生、草图构思中常使用。它们的使用效果并无明显差别，只是个人使用习惯不同。画出的线条粗细均匀、流畅、挺拔有力，以线条的疏密变化来表现物象的体形、色调、颜色和纹理，黑白对比强烈，画面效果细密紧凑等特点。与普通钢笔需要更换墨水相比，学生大多偏爱针管笔、中性水笔，主要是因为使用方便，同时也不易堵墨（图1-1、图1-2）。

（2）美工笔

笔尖弯过的美工笔，其线条的表现力很强，用不同的角度和力度就能画出粗细变化的线条，且富有弹性。但缺点是：如果纸张、墨水使用不当，则笔易堵塞，以至出水不畅，影响使用，建筑院校的学生不易掌握（图1-3）。

（3）芦杆笔

钢笔的原型就是羽毛笔、芦杆笔。在公园、乡间的河畔、路边就地取材，将芦杆削成尖头或扁头，蘸碳素墨水或墨汁用来作画，也可以备一块海绵用来吸取多余的墨水使其产生枯笔的效果，运用得当可使其画面效果更加丰富（图1-4）。

（4）记号笔、马克笔

记号笔、马克笔的性能也与钢笔颇为近似，粗细型号很多，因其大多是油性的，后期上色时，墨稿不会晕染、渗化。所画线条粗狂、爽快，富有变化（图1-5、图1-6）。

2. 纸张

户外写生强调的就是工具携带方便，大多是选用活页的速写本，一般A4大小为好。素描纸以及素描纸类型的速写本，纸质粗实、耐用，适合各种类型的笔。普通钢笔、针管笔、中性水笔、记号笔、芦杆笔都没问题，但不宜使用美工笔，因其容易堵塞笔尖（图1-7、图1-8）。

图1-1 刘辉（中性水笔）

图1-2 蔡一凡（钢笔）

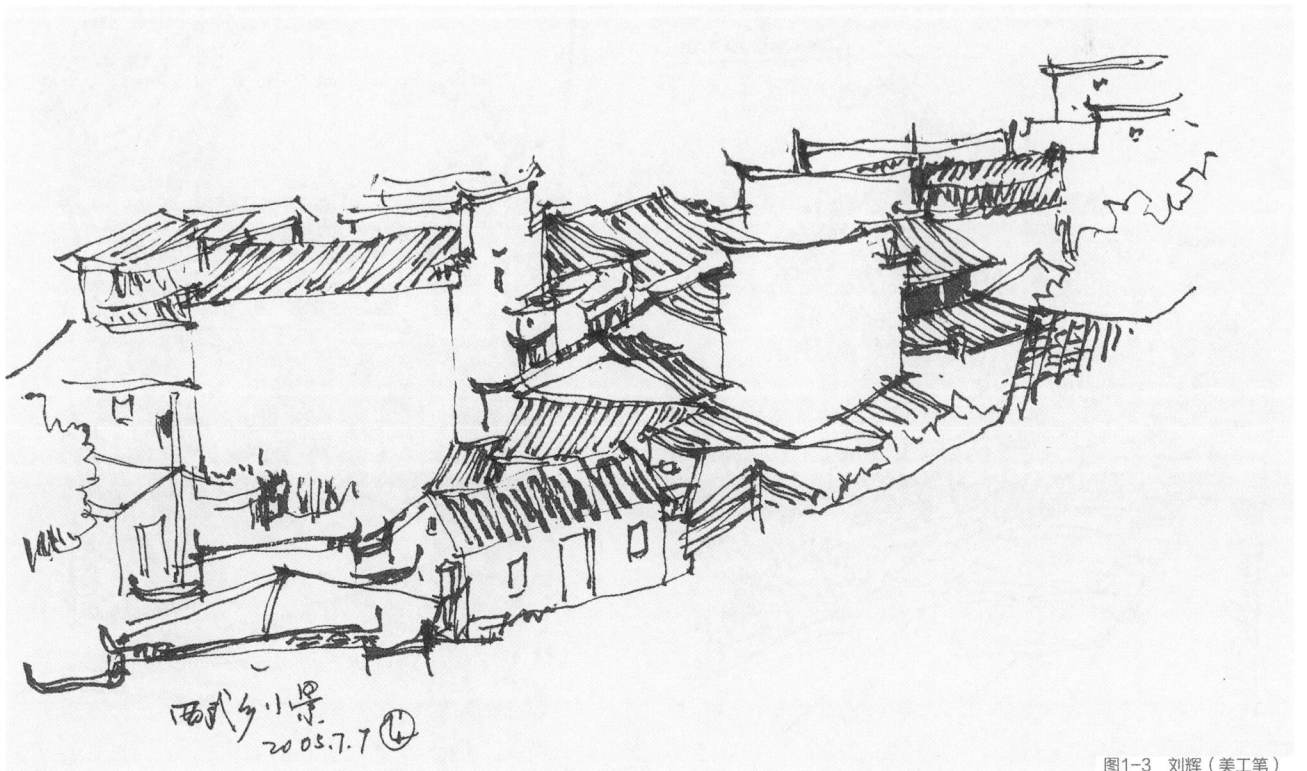

图1-3 刘辉（美工笔）

图1-4 刘辉（芦杆笔）

图1-5 刘辉（记号笔）

图1-6 刘辉（马克笔）

图1-7 刘辉（速写本）

图1-8 刘辉（速写本）

在室内画建筑画时，大多选用纸质密实、表面光洁且吸水性不强的白色纸张。因为这类纸张运笔流畅，画面黑白对比强烈，色调明晰，如铜版纸、白卡纸等都是理想用纸。用刀片等在黑线或黑块上刮划、涂擦出白色的线条，可使黑白线条相间而产生独特的肌理效果。图1-9中根据画面的特殊需要，例如追求飞白等肌理效果时，使用宣纸、皮纸、高丽纸等作画，线条粗犷很有质感，会获得一些意想不到的画面效果（图1-10）。

3. 墨水

作钢笔画时使用的墨水，一般选用碳素墨水，现在市场上的钢笔有配套替换装墨水，使用也较方便。写生时，钢笔如出现下水不畅的状况，就要及时用薄刀片清理一下笔尖，以确保线条的流畅。特别是吸墨水的钢笔在长期不用时，应用水洗净后再放置。

图1-9 何伟（铜版纸）

图1-10 沈铠（皮纸）

（二）透视基础与构图

学习要点

★写生中的透视运用

★构图方法

1. 建筑画的透视基础及写生表现

　　建筑物写生首先遇到的困难就是透视，在户外写生时不可能也没有必要把透视网格都画出来。这里我们只要把握画面的视平线、消失点的大概位置，把客观物象在平面上较为准确地表现出来，使它们具有立体感和远近空间感就行了。简单来说，透视的规律就是近大远小，把握了视平线的位置与消失点的关系也就理解了透视。所画建筑景观应依据表现对象的实际需要来定，一般视线定得高，看到的地面就多，视野也就更开

图1-11 刘辉

阔；视线定得低，看到的地面就少，建筑物会产生仰视、局促的感觉；视平线在一人高时画面会有身临其境的效果（图1-11）。

（1）一点透视及写生表现

一点透视也叫平行透视，即物体向视平线上某一点消失。视平线是由作者的眼睛观察物体时的高度决定的，如果建筑物或者路面与画面平行，近大远小的消失关系，则都集中在作者眼睛正对着的点消失在视平线上，这种透视现象叫一点透视（图1-12、图1-13）。

（2）两点透视及写生表现

如果建筑物和画面不平行，那么建筑物左右两个面的边线就会向视平线上左右两个点消失，这种透视现象叫两点透视，也称成角透视；在室内表现图中常用的微角透视，一个灭点在画幅里，另一个灭点因地面向上倾斜而出现在画幅外，也称两点透视。（图1-14~图1-17）

（3）仰视与俯视的写生表现

如果表现比较高大的建筑物，或者在狭窄的弄堂里写生，则形成仰视的角度或俯视角度，这时建筑物的垂直线会向视平线的上方或下方的消失点汇聚（图1-18）。

（4）散点透视及写生表现

散点透视也叫多点透视，是中国画中特有的透视法，这种透视法在画较为广阔的民居场景绘画中比较常见。我们的观察点不是固定在一个地方，也不受视域的限制，或是根据需要，移动着立足点进行观察。各个不同立足点上所看到的东西，都可以组织进自己的画面上来（图1-19）。

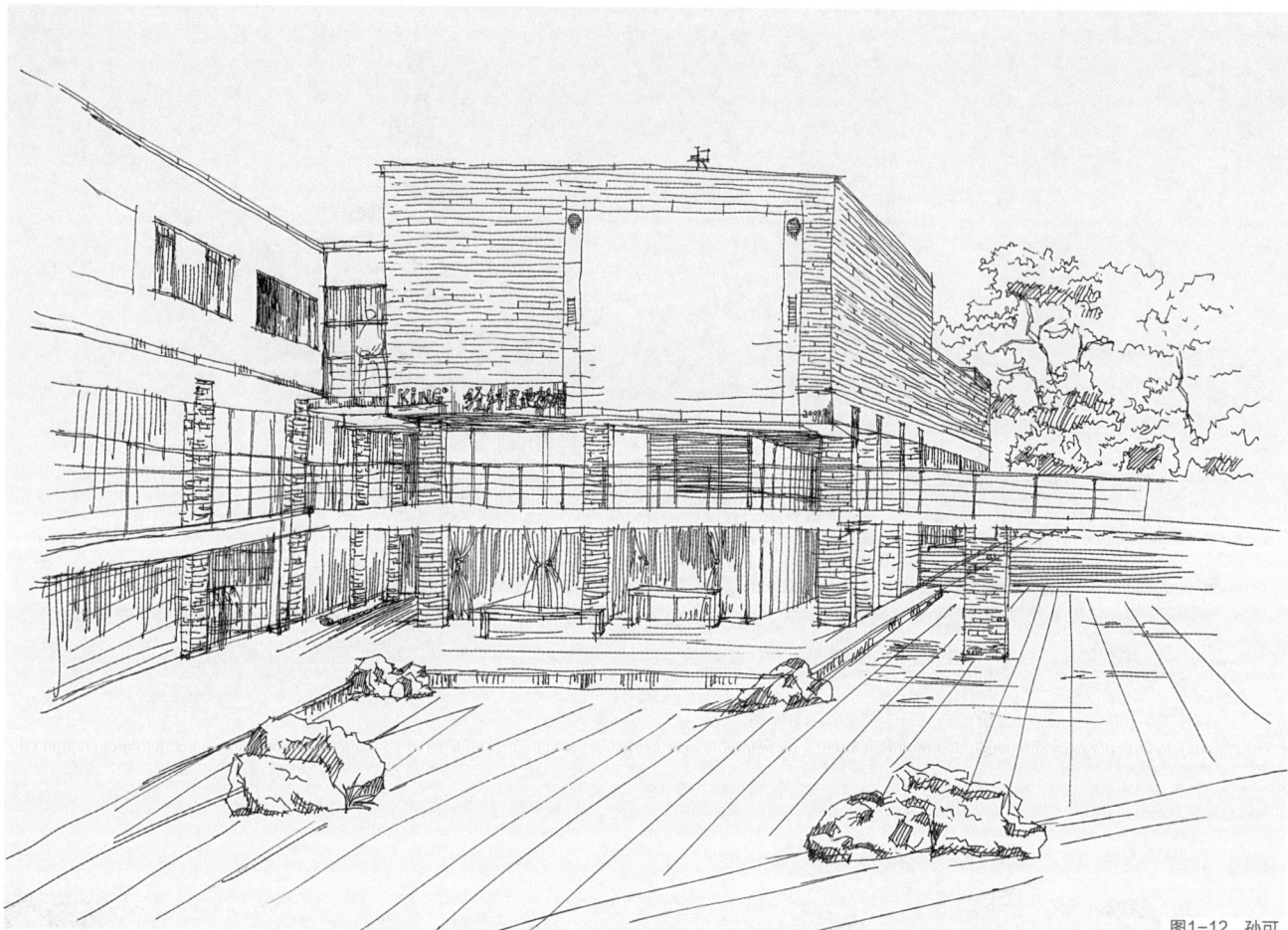

图1-12 孙可

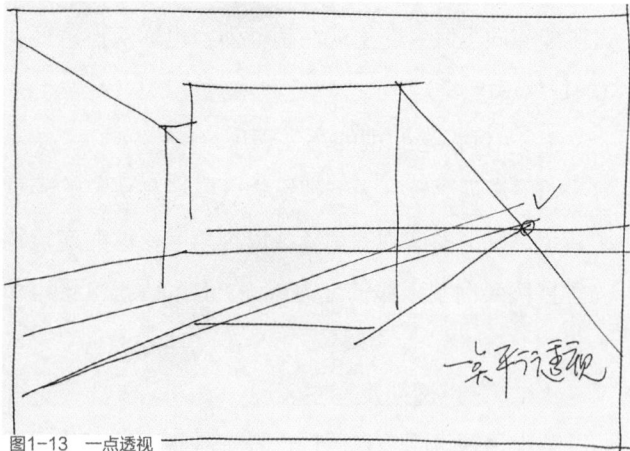

图1-13 一点透视

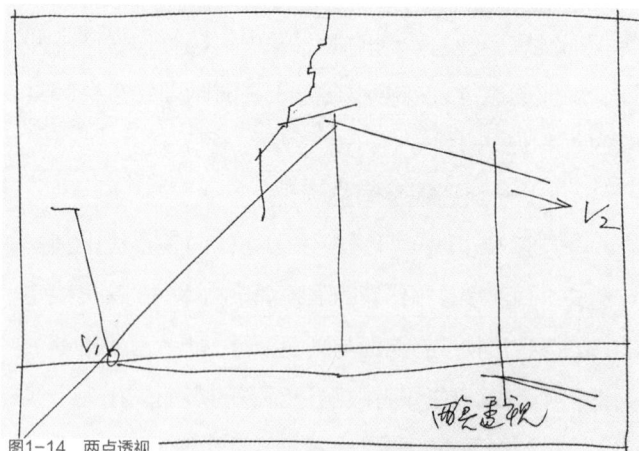

图1-14 两点透视

图1-15 许琳昕

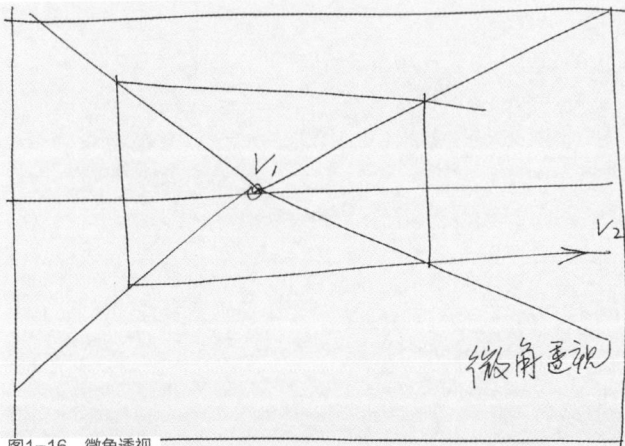

图1-16 微角透视

图1-17 陈芝琳

图1-18 李雪凝

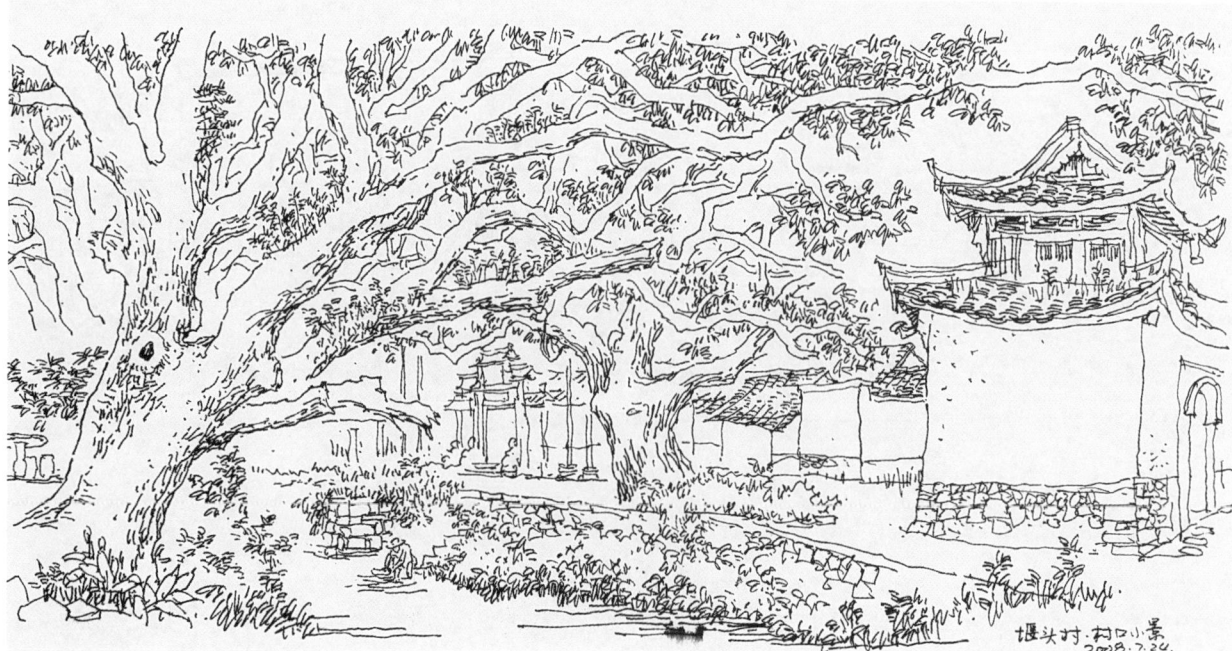

图1-19 刘见谷

2. 建筑画的构图方法

建筑画与静物写生的构图稍有不同，不仅仅在透视的运用上，而最为主要的是面对纷繁复杂的物象，我们要画什么，从哪里入手，怎么表现？如何使画面能充分有力地体现自己的意图，产生艺术感染力？这些问题在写生时是我们需要考虑的。构图与观察思考是分不开的，通常思考比单纯的看更为重要，没有思考就很难有好的构图。要带着思考去观察、去构图，这需要知识的积累、文化的积淀和艺术素养的提高，艺术认知提升后再去影响我们的观察能力、构图能力。构图不仅对画面元素的安排起作用，还决定了整个画面的精神。

（1）立意

清代的方薰在《山静居画论》中曾说过："作画必先立意以定位置，意奇则奇，意高则高，意远则远，意深则深，意古则古。"常年去农村带学生实习，也常常吃住在农家，与农民唠家常，感受农家生活的变化。狭小的农家居室里摆放着许多木工器具与各种农具，画者有条不紊地，以略显枯涩的笔触，为我们述说着农民的勤劳与辛苦，这些都是对现实生活的丰富体察和创作经验的充分积累，是画者自身修养的体现（图1-20）。"三好坞"的亭子我们画过多次，这幅画以九曲桥来引导视线，以在亭子里写生的同学作为点睛之笔，画面从而有了"门道"，有了画意（图1-21）。

（2）观察取景

建筑景物因观察的角度不一样，所呈现的画面气氛也有所不同。如果事无巨细地描绘，必然会造成画面散乱。为此，画前应观察、感受和分析，并确定哪些部位是主要的，哪些部位是次要的，或者哪些地方需要移动位置，哪些地方应该夸大或缩小，从而使画面产生理想的效果。所有这些布局安排，就构成了观

图1-20 何伟

图1-21 王劲扬

察取景的全部内容。在具体观察对象时，首先需从整体着眼，通过比较既要看到变化，又要看到统一；既要看到远景，又要看到近景、中景。还要观察何处最暗、何处最亮，何处最实、何处最虚，并去体会最吸引人的细节以及空白的部位等，做到心中有数。多走走变换一下角度，选择自己认为最美、最生动的地方进行写生（图1-22、图1-23）。

（3）构图

构图就是组织画面，就是要取得画面的均衡。构图的重点是要表现主体，在画面上以突出主体为目的，协调主体与配景的关系并处理好近景、中景、远景这三个层次（图1-24）。面对景物我们可以多选几个角度，多画几幅构图。要始终知道我们是在练习，有时不经意画的小构图反倒会颇具灵性。构图的主要形式有中心构图、水平方向构图、垂直方向构图、斜线构图、边角构图、满构图等。

图1-22 刘见谷

20120711 SunXiao

图1-23 孙潇

图1-24 何伟

图1-25　吴兴斌

　　校园的一条小径、城市街区的路面或一条流经村落的小河都会引导你的视线，也可据此来把握画面的构图（图1-25）。

　　在古民居中，我们不仅仅只画马头墙、弄堂、石板路（图1-26）；尽量多地走进农舍与老乡攀谈，画画家具陈设、灶台（图1-27）；也可以画透过门洞的景致（图1-28）；走到高处画山脚下的村落（图1-29）。

　　构图有其应当遵循的一些规则，但这仅仅是为避免一些常见问题。我们不但要了解这些构图方法，还要有创新意识。规则并不是一成不变的，所谓法则只是入门的指导，而艺术的最高境界则是"艺无定法"。我们可以通过一些微距观察、局部放大的方法，以及建筑物构件的写生学习，以锐敏的视觉，运用丰富的想象力来训练我们的观察与构图能力（图1-30、图1-31）。

图1-26　孙潇

图1-27 谢超

图1-28 刘辉

图1-29 刘辉

图1-30 崔瑞

图1-31 林兵星

（三）钢笔画线条的特点与表现

学习要点

★建筑速写线条"写"的特点

★笔触与线条的组织表现

1. 线条的认识

在钢笔建筑写生练习中，常常看到一些同学反复地用铅笔打轮廓，进行钢笔勾画时也是哆哆嗦嗦、犹豫不决，常有畏难情绪。钢笔写生如同书法，不管每人的书法水平无论如何，都能把自己的名字写得潇洒自如，更不会反反复复地去打轮廓，这是因为笔画转折结构早已烂熟于心。明白这个道理，我们在画钢笔线条时，就要明白我们要画什么，表现什么，多观察、多思考。脑中有这个形

象，熟悉物体的组织结构以及表现的方法后，才能使线条运用自如，画面灵动，达到"写"的境界（图1-32）。

当面对纷繁物象或者较复杂的建筑无所适从时，也可以先用比较感性的线条画出给你以深刻印象的景物，找找感觉，强迫自己从某处开始画。速写是一个自然深入的过程，在表现出一个效果后自然地跳跃到下一个，紧跟着你视线的移动。你越能保持笔尖的稳定和运作，速写作品就越自然、准确。这样做有助于保持视线和物体之间的联系。在物体上的视线移动比在纸面上的落笔更为重要。也就是说手里画的就是眼睛看的，也是心里想的，所谓心、眼、手、笔是统一的。其实人体器官本能也是有联系的，如同优秀射击运动员，指哪打哪。当然有了正确的学习方法，同样需要经过长期刻苦磨炼，以及较高的艺术素养才能做到（图1-33）。

图1-32 刘辉

图1-33 刘见谷

2. 线条基础练习

线是造型艺术中最重要的元素之一，它们看似单纯，其实千变万化，我们不能简单、教条地去加以处理。线条画法又称线描，对象的形体结构依靠线的准确性、力量感和变化来表现，正所谓"骨法用笔"。它是既古老也是最现代的描写形式，在速写中最为常用，在表现手法上舍去或削弱光影、明暗等对物象所造成的复杂关系，用线条表现物象与空间的交接边缘（称外轮廓）、用线条表现这一面与那一面过渡或衔接（称内轮廓）（图1-34）。做到细心观察和体验，注意线条的来龙去脉，看它从哪里来，到哪里去，两线怎样相交、怎样衔接，以及它们之间上下、左右、前后关系。通过运笔快慢、顺逆、顿挫、圆转、方折准确地表现出来。为了方便学习，我们把线条大致分为直线、曲线、不规则线来学习。

（1）短线条的画法

以手掌一侧或小指关节与纸面接触的部分作为支撑点，以适合于作较短的线条。画线条时运笔要放松、明确、果断（图1-35）。

（2）长直线条的画法

若线条较长，可将整个手臂与肘关节腾空，平稳、爽快地画出；可分段画出，只在每段之间灵活断开；也可局部有小的弯曲，但求整体平直。在练习时应注意运笔的速度、力量和方向，画直线时在运笔开始就应该明确知道所画线的结束点在哪里，这样就容易画出一根直线条。注意力集中，握稳钢笔，运笔均匀，是画好直线的关键（图1-36）。

（3）曲线的画法

以手腕的灵活运转画连续的曲线，通过肩关节的运转带动手臂来画较长的曲线。通过训练逐步画出用力均匀且富有变化、灵动的线条来（图1-37）。

（4）不规则线条

面对纷繁物象，我们要从自然中学习，从生活中

图1-34 辛知之

学习。做到法随物变、见机行事，可进行不规则的折线、乱线与点、圈、圆等内容的线条练习。在作徒手线条练习时，用力适中，保持平稳，起初可以慢一些，停顿应干脆。做到快而不飘、重而不板、慢而不滞、松而不浮为好。作画时，借物寄情，意在笔先，运笔时要放松，使速度和力量恰到好处。自然挥写，才能画出简练而明确，生动流畅、富有韵律的优美线条来（图1-38）。

3. 笔触、线条组织表现

表现物象的质感是靠运笔的控制来达到的，线条的轻重缓急，对于速写语言的把握至关重要。运用各种线条的疏密、粗细和用笔的轻重变化可以使单色的

图1-35 刘辉

图1-36 刘辉

图1-37 刘辉

图1-38 何伟

黑线条产生变化丰富的色阶。长短、粗细、曲直、疏密的线条排列，交叉、重叠、渐变和方向、速度等变化组合成了层次丰富、意境优美的画面（图1-39）。

线条画法除了要注意运笔方式外，还要研究线条的组织方法。独线不成形，一条线画得再好只不过是一条漂亮的线，不能反映任何形象。几条线在一起就应分清哪些是主要的，应该强化；哪些是偶然的，可以舍弃；有些虽是主要的，但从画面整体考虑可以减弱，使画面在线条分布方面有疏密变化，在物象与空间、形状与面积方面有大小对比（图1-40）。

图1-39 刘辉

图1-40 张嘉

密集线条画成的树木、屋面与几乎留白的墙面、院落，线条的疏密、排列、组织、有序分布使画面层次丰富而清晰。单纯的线条是无多大意义的，线条的飘逸奔放、抑扬顿挫，我们要不断地通过写生来掌握、运用各种线条的技巧方法。大自然的物象千变万化，诸如树木的千姿百态，山石、水景的质朴、自然等不胜枚举。我们都须因物而异、区别对待，"随类赋彩"。具体物象具体对待，因情而定、因景而论，在画面上以线条为主稍加明暗衬托，或以明暗为主加线条勾勒。我们必须重视技法的修炼，但不要为技法而技法。因为，学习技法不是目的，而是作为表达你对对象的认识和理解并转化为具有美感的艺术形象的手段（图1-41）。

图1-41 刘辉

（四）写实、写意、装饰及综合技法

学习要点

★ 学会"慢写"

★ 不拘泥于程式化

在建筑写生中，无论以何种形式来表现，都应把握从整体出发的原则，作画时将对象的基本形体、细节特征、比例关系默记于心中，也可以将对象的整体关系在纸上用点、线轻淡地略作标记，写生时可以从局部入手，从最感兴趣的地方画起。如果遇到造型结构较复杂的建筑物，确定出最佳角度后，可先用铅笔将要表现建筑物的大体轮廓勾画出来，明确其比例关系与透视关系，再着手写生。

1. 写实画法

我们常把建筑风景速写分为"慢写"和"快写"两种。"慢写"就是将眼前的景物用较为深入的手法表现出来，画面效果深入细致、丰富耐看。对于初学者来说，应该一步一个脚印地走，遵循其步骤来多多练习建筑"慢写"，技巧不成熟并无大碍，重要的是要沉下心来，先慢慢地画，切忌浮躁。否则反而容易走入歧途，想快而快不了。画得多了，手法熟练之后自然而然就快了。所谓"快写"是将眼前的物象用简单的线条勾画出来，简洁富于意味。捕捉物象的势态感觉。在"快写"作画时可以不用勾画其大体轮廓，而是直接从某处画起，这样可使流畅、洒脱的徒手线条不受到轮廓线的限制，从而比较自由地体现建筑速写的神韵及作品的风格（图1-42、图1-43）。

写生时，无论是快写还是慢写，都要遵循整体把握、局部入手的基本方法。画前多思考，如何立意、观察取景、构图，选择快写、慢写画法。画时则不要瞻前顾后、哆哆嗦嗦，应大胆落笔、有条不紊地描绘（图1-44~图1-48步骤图）。

图1-42 刘辉

图1-43 李景晨

图1-44 刘辉

图1-45 刘辉

观察构图即是取景，画一幅建筑场景，需要以点标注找好视点、视平线，考虑主体物位置方向、配景等。

愈是繁杂的场景愈是需要从局部、视点处画起，依次环环相扣，逐次描绘。

图1-46 刘辉

逐渐深入作品，把握好大的结构造型，画好建筑场景，心态也是关键，不能浮躁，否则会前功尽弃。

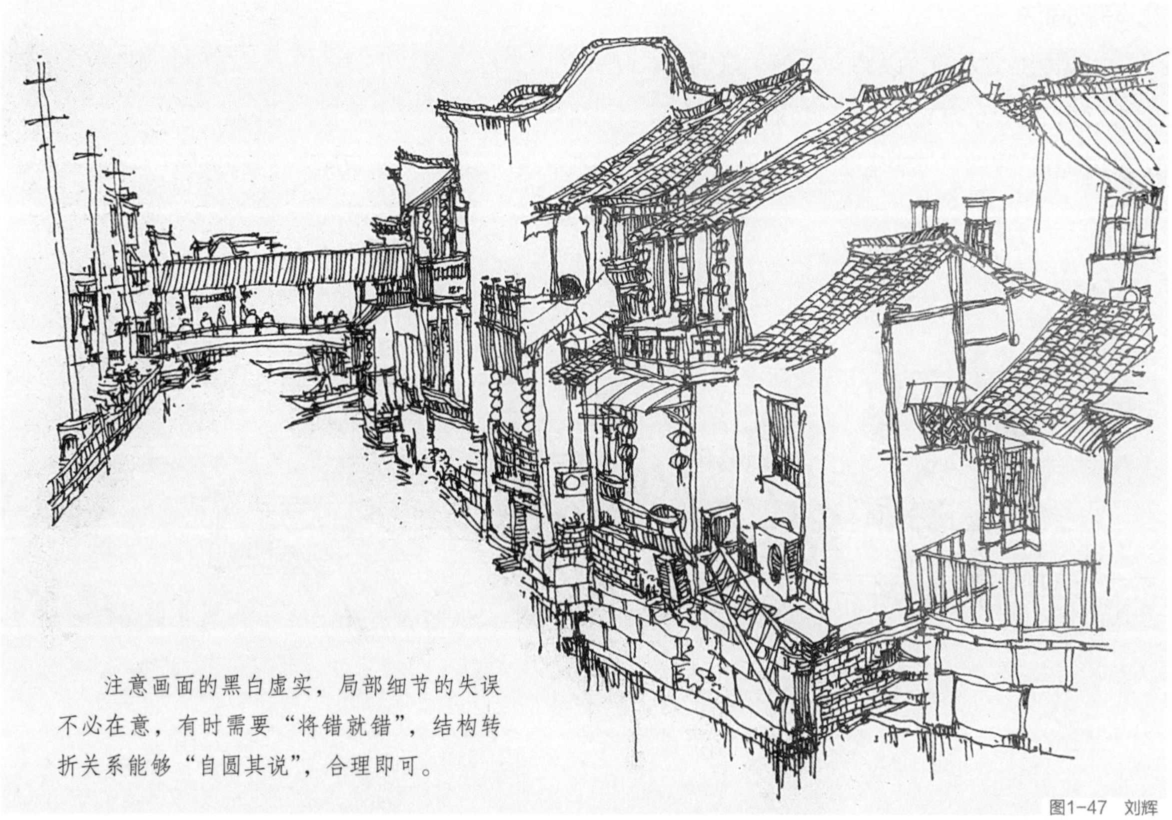

注意画面的黑白虚实，局部细节的失误不必在意，有时需要"将错就错"，结构转折关系能够"自圆其说"，合理即可。

图1-47 刘辉

统一调整墙面的斑驳、砖瓦的细致描绘等，即是丰富画面的色调，亦是画面意境的渲染。

图1-48 刘辉

2. 写意画法

中国传统文人画，以诗文入画、以书法入画、以哲理入画，富有东方文化内涵的特殊艺术创造；不求形似但求神韵，注重"气韵生动"，借助画笔挥洒胸中臆气，表达心灵的境界。在写生表现中，强调心理感受、主观情绪的表达；强调笔法、肌理、画面的形式美感，所谓"笔断意连""景象万千"（图1-49、图1-50）。

图1-49　刘辉

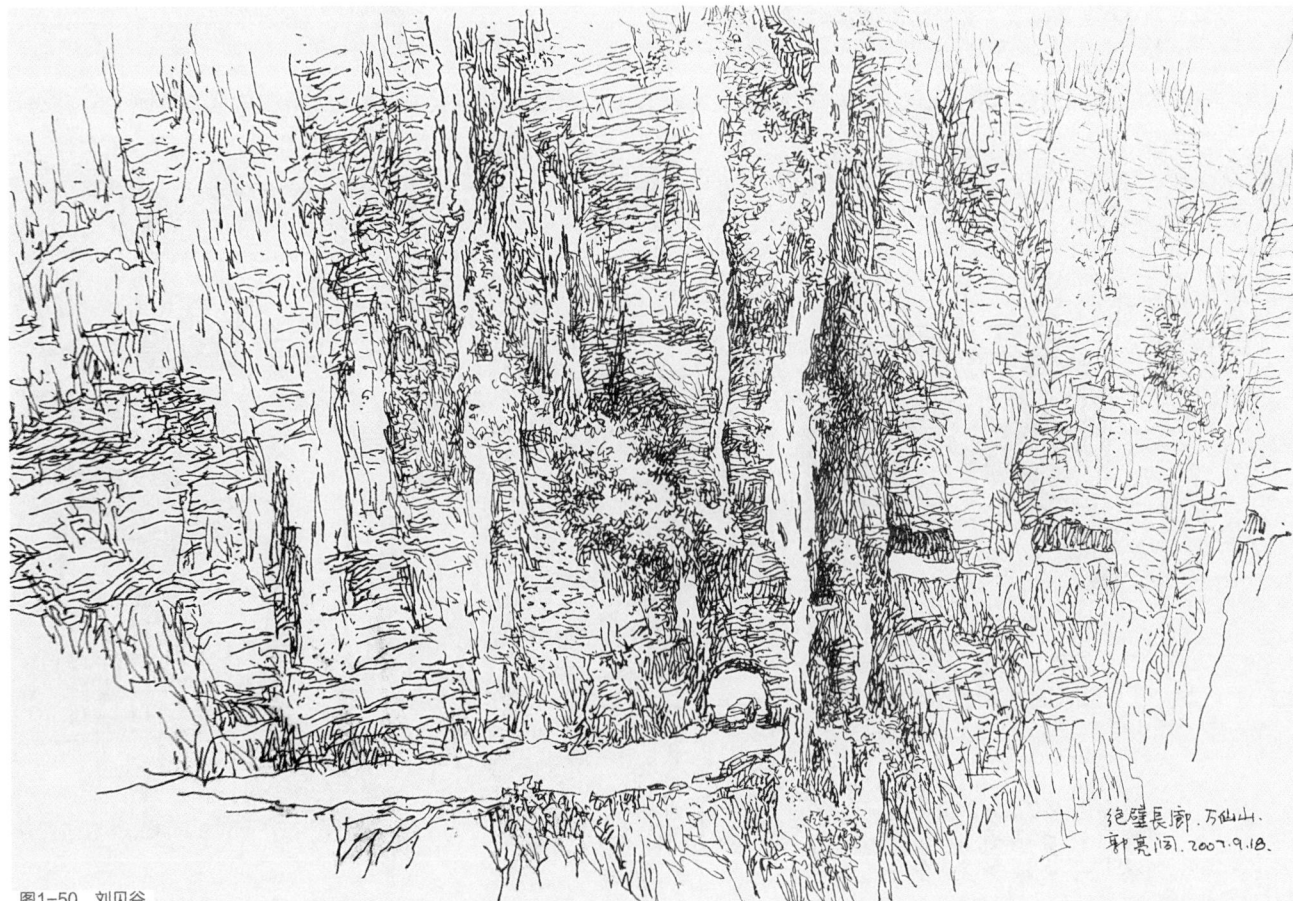

图1-50　刘见谷

3. 装饰性画法

所谓装饰性，就是强调简练、概括，有序、一致，韵律、节奏，画面较为程式化。在写生中，面对徽派建筑的屋顶瓦片，山村的石砌建筑等，常采用以装饰性的手法去描绘，这也更容易去表现。装饰性表现不局限于物象的写实造型，而注重对自然物象的认识、体验基础上，强调画面的形式美，生动流畅、蜿蜒美妙的线条，对自然物象进行归纳、整合；同时强调个人的审美趣味、情绪的表现和想象的创造，既注重空间的比例分割和线的表现力，又注重形式美感的设计风格（图1-51、图1-52）。

4. 综合技法

考虑到建筑院校学生的艺术造型基础以及户外写生的方便携带，在有限的材料、工具里为了最有效地实现艺术效果追求，利用芦杆笔、记号笔等笔尖的软硬、粗细及弹性的不同，各种工具也可不拘一格地综合运用。在画面构成中，恰当借鉴并运用"点、线、面"，重构与解构，从物象、形体的结构和特征入手，从不同角度去观察、解剖事物，设法把完整的物象、形体画面试图分解，而后再根据需要，把这些元素依据形式美的规律进行重新组合，即重构，给人面目一新、不同凡响的新形态、新画面（图1-53~图1-55）。

图1-51 曹砚宸

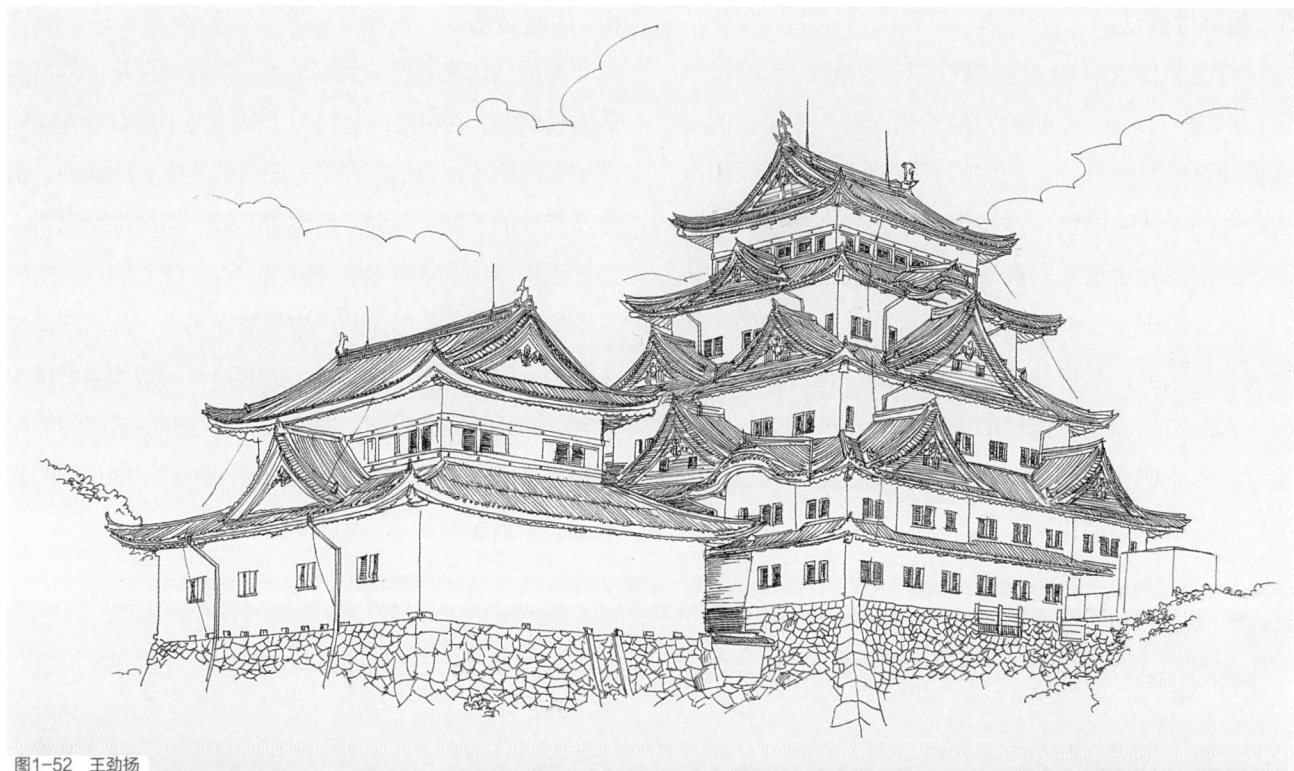

图1-52 王劲扬

图1-53 何伟

D7 9.6 小桐圩街

通过环秀桥就可以到达小桐圩街，这是一条一半露天一半有廊子的街道。街道的店铺有很多卖小吃的、卖特产的，也有很多阿婆坐在竹椅上剥菱角和剪莲蓬，等着卖给经过的游客。不只这些特产，还有卖年糕豆腐薯角等早餐点心的。

←咖啡厅前的一块广告牌

←薯角一盘 ←豆腐一大块 ←年糕一块

←包一大盆馄饨

←两盆蔬菜 一盘梅干菜

←一只喵星人

西塘 己未年

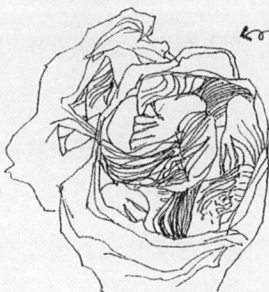

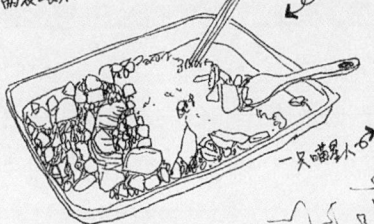

图1-54 方思婷

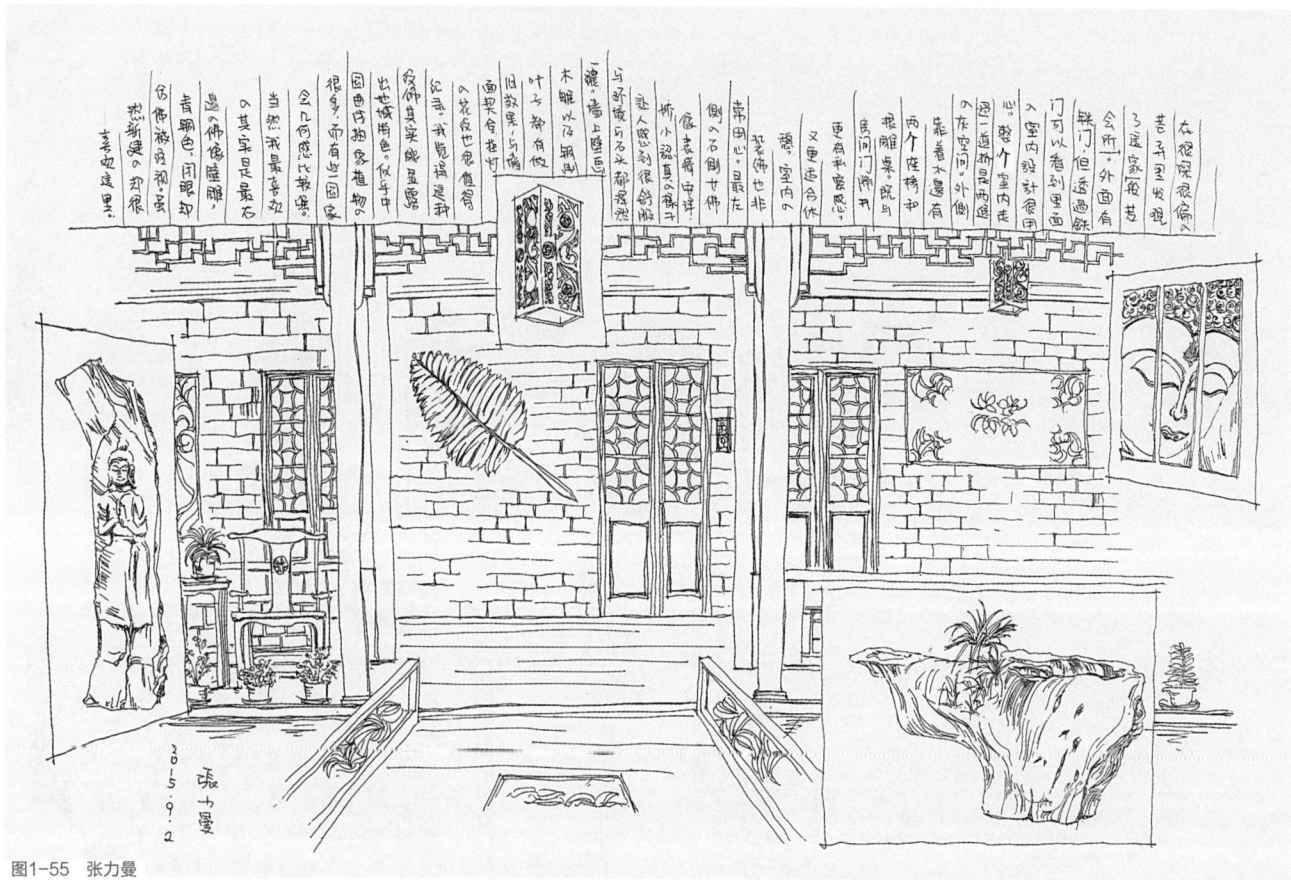

图1-55　张力曼

（五）画面的处理技巧

学习要点

★画面的近景、中景、远景表现及取舍移景

★建筑写生中的画面虚实、黑白处理

　　建筑画与其他绘画表现形式一样有着各自的特点，在画面的处理技巧、审美趣味方面又相互融通。在画面的近景、中景、远景表现，借景与移景，画面的虚实表现，画面的黑白处理等方面，虽然侧重点不同，却都是要求画面既有对比、又有统一，追求平衡、丰富画面的作用。

1. 画面的近景、中景、远景表现

　　在中国古典山水画里一般有近景、中景、远景三个层次，注重其空间关系变化，一般以近景为陪体、中景为主体，远景为托体。近景要实；中景要虚实结合重点刻画；远景要虚。在建筑写生的表现中，可以参照中国山水画的构图、章法的安排，通常以近景的树木作为构图、空间比例作为参照，再画中景主体建筑物，最后画远景处的建筑物、树木、远山、云彩。近景的树木画得简练而概括，中景建筑物则画得翔实丰富，远景减弱其层次（图1-56）。

　　我们在写生时，可以有意识地来安排设计近景、中景、远景，因景而论，因作者意图而灵活变化。若使建筑物主体更加突出，则可以把中景建筑物的形体结构、层次变化画得细致而强烈，减弱近景及远景，或者只画其轮廓特征，从而使画面主次分明，虚实有致，有意识地营造出空间距离（图1-57）。

图1-56 许琳昕

图1-57 沈铠

画面中要有引人入胜、富有表现力的主要部分；又要安排好耐人寻味的次要部分，通过作画者的主观意图和近、中、远景节奏的设计，解决好主次部分间区域转换的自然衔接、和谐对比、变化均衡及各部分占画幅的恰当比例和位置。只有经过自己的观察思考，熟练掌握和运用规则，才能权衡利弊，恰如其分地选择有利于表现画面整体意境的章法处理，合理安排好画面（图1-58）。

2. 借景与移景

在写生时应考虑建筑的特点、环境等因素，对于不同的建筑，配景选择要有所不同。不要盲目抄袭自然景物，要学会取舍移景，通过提炼加工，舍去繁琐无用的东西，如不必要的人物、车辆、电线、广告、杂乱的建筑物等。合理的移景和变形处理使主体突出，配景合理，构图完美。背景的有意舍去，右侧水车的前移，加以河水的空白处理，使画面极具装饰意味，展现给我们一幅美丽的山村景色（图1-59）。电线杆、电线的舍去，独轮推车的挪用，使画面简洁富有层次感，平淡之中有了生气（图1-60）。

3. 画面的虚实与疏密表现

当我们以建筑物为中心作实景写生时，从你最感兴趣的地方开始，确定好"画眼"，突出重点，分辨虚实。作画最忌没有重点，不分虚实，处处详尽周到。因此，画前应明确你所感受到的对象美体现在哪里，并以此确定趣味中心加以表现（图1-61）。

建筑写生表现要对景物进行艺术处理，应当对景物有所取舍，该简的简，该繁的繁，使画面有密有疏。简不是简而无景，而是把不必要的景物去掉，繁也不是无主次、无层次、无章法，而是要有层次、有变化，步步交代清楚，使人看了繁而不乱，觉得繁的有条理。一幅画里，不能太虚也不能太密，画面总是在"简"与"繁"、"虚"与"实"之间转换，相互对比、相互依存，才有意境（图1-62）。

乘车旅行时，远处的景色一晃而过，常常未能及时抓拍而有所遗憾，这时你凭记忆而作是最好的方式，简单概括地处理建筑物"画眼"，背景其他尽可虚化（图1-63）。

图1-58 薛皓颖

图1-59 江可馨

图1-60 孙俊花

图1-61 庞建

图1-62 何伟

图1-63　刘辉

图1-64　何伟

4. 画面的黑与白

画面中虚实、黑白的艺术处理，往往能体现作者的艺术素养及艺术品位。黑是指深色系统，白是指白色系统，灰是指二者中间灰色调。特别是钢笔速写，就是要尽量将物象色调简化为黑白，力求画面黑白总体效果明确，致力表现基本形体结构和色调特征。所谓知白守黑，是指要珍惜白的空间和把握好黑线的造型力度。要准确中求变化，简练中见丰富，精美中避媚俗。知纷杂守单纯，以单纯去表现纷杂，达到更高的艺术境界。"单纯"是一种在纷杂中提炼出的朴素的艺术美（图1-64）。

总之，要合理地处理画面上的增删取舍，转换黑白，使其画面具有整体、和谐的美感。要在黑白对比中求和谐、找韵律，从而使画面产生强烈的节奏感和明快感（图1-65）。

站在高处看古民居，白墙黑瓦错落有致，心无旁骛，黑色线条对屋面瓦片"繁琐"的描绘，突出了白色的墙面，黑与白总是不断地转换。单纯的黑与白也是对明清古民居建筑色彩的最好诠释（图1-66）。

图1-65 刘辉

图1-66 刘辉

（六）作品赏析

黟县宏村南湖岸边植有数棵枫杨，藤缠树干、斑驳古苍，树龄已有500年。沉稳的心态在钢笔速写学习中必不可少。所想、所看、所画都聚集于手中的笔，使笔尖成为你手指的神经末梢，灵敏而精确，感情的起伏、手法的微妙变化都能在笔尖上反映出来。

图1-67　刘见谷

强调树干肌理、繁琐树枝的刻画，简化叶形
以点状表现，画面颇有生机。同济大学"三好坞"
是我们写生的必去地，高大的乔木、低矮的灌木、
曲折盘绕的藤蔓以及凉亭、小石桥、假山、水景
都是画画的好素材，也是漫步的好去处。

图1-68　孙潇

版画工作室里的版画机滚来转去很好玩，不管什么凹印、凸印，木板、纸板、金属板都能神奇地复制一幅幅原创作品，当然手上、衣服上也不知道什么时候蹭到难以洗去的颜料，许多瓶瓶罐罐不知装的是什么，未经老师允许不得打开，好神秘！画一幅它的素描以作纪念。

图1-69　沈铠

采用明暗光影的表现手法，暗合了古建筑的厚重，光影和空间的无穷变幻呈现出一个独一无二的建筑。"1933老场坊"的建筑融汇了东西方特色，整体建筑呈古罗马"巴西利卡"式风格，而外方内圆的基本结构也透露出中国风水学说中"天圆地方"的传统理念。无梁楼盖、伞形柱、廊桥、旋梯、牛道等众多特色风格建筑融会贯通。

陈欣仪

2014.4.15

图1-70　陈欣仪

长时间地盘坐，腿痛痹得都站不起来了，炎热天气下的阵阵凉风，为写生带来一丝惬意，画完之后更是一种享受，竟然还有老外要买。上海外滩承载了许多历史的记忆点，更是游客必到之处，"万国建筑博览群"的称号也名副其实。

图1-71 王劲扬

笔触轻松，色调明快是这幅作业的亮点，也是作为未来设计师所要求的手法。1933老场坊由英国设计师设计，是工部局出资兴建的上海工部局宰牲场。设计者将建筑工艺与工业生产工艺完美结合，所有水泥皆从英国进口，坚固无比。改成创意产业集聚区后继承了原有的结构体系和空间关系，由于自身的历史背景和建筑特质，建筑被赋予了独有的魅力。

图1-72 陈芝琳

以简单曲
线描绘树木，
与繁琐建筑结
构刻画的教堂
形成的虚与实
对比，使画面
较为轻松灵动、
层次清晰、建
筑主体突出。

巴黎圣母院
2014. 6. 7.

图1-73 孙可

明确的一点透视，画面纵深感强烈，线条简洁有力、结构清晰明确，这正是设计师的笔法。

图1-74 李惠序

画溪边人家，借助婉转的溪水、错落有序的石板路来构图，无须过多技巧，以中性水笔粗细均匀的线条平稳、仔细、"慢慢"勾勒，生活的宁静、安逸氛围跃然纸上。

图1-75　刘辉

用较粗的中性水笔结合宣纸、皮纸作画，也别有意趣。线条稍加停顿时纸面便会有洇出的效果，这使画面多了份凝重与老辣。砖石细致描绘形成灰色调与墙面留白形成对比，呈"S"形的石板小道，加以线条分布的疏密变化，使物象与物象、物象与空间的形状与面积方面有了对比。画面因此层次明确，灵动跳跃。

图1-76 何伟

运笔力度大，深而实的线条强调了建筑物的主体结构；运笔平稳、线条均匀有致来描绘屋瓦墙面；河中的投影以及涟漪则以轻快流畅的运笔来表现。

图1-77 朴世英

我们在选择景物时想一想，为什么要画？画什么？怎样画？明确自己的立意和感受，这是写生的前提和主导。做到将造型与抒情结合起来，引起观赏者的共鸣。面对小巧精致的江南古镇，确定好角度，先用铅笔或钢笔以点、虚线的方法，将要表现的建筑物的大体轮廓勾画出来，明确其比例关系与透视关系，再着手写生。

图1-78 朴世英

运用各种线条的疏密、长短、交叉、重叠和用笔的轻重变化可以使单色的黑线条产生变化丰富的色阶。此种方式易于表现画面的意境。画面线条简洁明快、黑白对比强烈、手法灵活生动。

图1-79 许琳昕

屏山村大雨，躲在沿河民房的屋檐下，房主人很是热情，帮我安排学生在此画画。用黑色马克笔简单挥就，倒也精神。

图1-80 刘辉

以弄堂门口取景构图，斑驳的墙面，艰涩交错的笔触，体现出徽派建筑的沧桑历史，具有静谧神秘的画面感。

沐浴在晨光下
屏山

图1-81　温静

二

城市建筑景观写生与

视觉笔记表现

学习要点

★学习各类植物、配景以及建筑局部的画法

★视觉笔记表现

"视觉笔记"就是你的写生日记本，不要给自己设个框框，所看、所想都可以用绘画与文字的形式记录下来。这些看起来杂乱无章的画面，或许会成为你日后创作、设计灵感的源泉。常常听到"画什么不重要，看你怎么去画"这样的教诲，其实就是要带着思考去画，文字的记录正好引领你要去想、去了解，不仅知道建筑学本身知识及其表面形象，也要了解其背后的方方面面，诸如建筑的历史、文化、地理气候甚至人文、社会状况、家长里短等。如此，我们画起来就自觉、自信，更为主动，事半功倍。

（一）校园园林小景植物写生

初学建筑钢笔画，通常都是从画植物、园林小景来开始，对于练习钢笔画的笔法最为适宜。本着"从静到动""从死到活"的原则来练习，"从静到动"就是先画静止的，再画运动着的物体，也有先要安静地、慢慢地去画，而后再比较短时间、快速地画的意思（图2-1、图2-2）；"从死到活"就是开始可以画得老实、板一点，熟练之后则需要自如一些，画面灵动一点（图2-3、图2-4）。

1. 乔木

乔木的树身比较高大，树干和树冠有明显区别。乔木按冬季落叶与否又分为落叶乔木和常绿乔木。对于高大的乔木写生，首先观察树干主体物的动态，在画面上用点或简略的线条加以标注，再依次画树干、树枝，注意其穿插关系，而后以点、灵动的曲线来画树叶。画树的关键是把握其大的形态，注意树枝间的穿插关系，不拘泥于繁琐的细节，"静中有动""从死到活"（图2-5）。

图2-1 方思婷

2. 灌木、攀缘植物、草坪

灌木类较为低矮，主干不明显，呈丛生状态的树木，灌木、攀缘植物在校园随处可见，其丰富的形态正是练习曲线的好素材，画的时候需要从盘根错节中理清几根主要枝蔓，再辅以曲折、自由的线条来表现（图2-6）。

3. 校园园林小景

校园里的盆景类植物也很多，诸如巴西铁树、散尾葵等，建筑物旁也常常配置石块、各种灌木以及水景等相对完整的园林小景。随着城市的发展，园林小景不仅仅出现在公园、园林，市区、商场、小区、院落，居室也多有布置。写生时应把握好物体间的主次，画面的虚实，笔法的灵动，以及表现出其主人的情趣（图2-7、图2-8）。

图2-2 张伊莎

图2-3 陈敏思

图2-4 樊嘉雯

图2-5 刘辉

图2-6 王劲扬

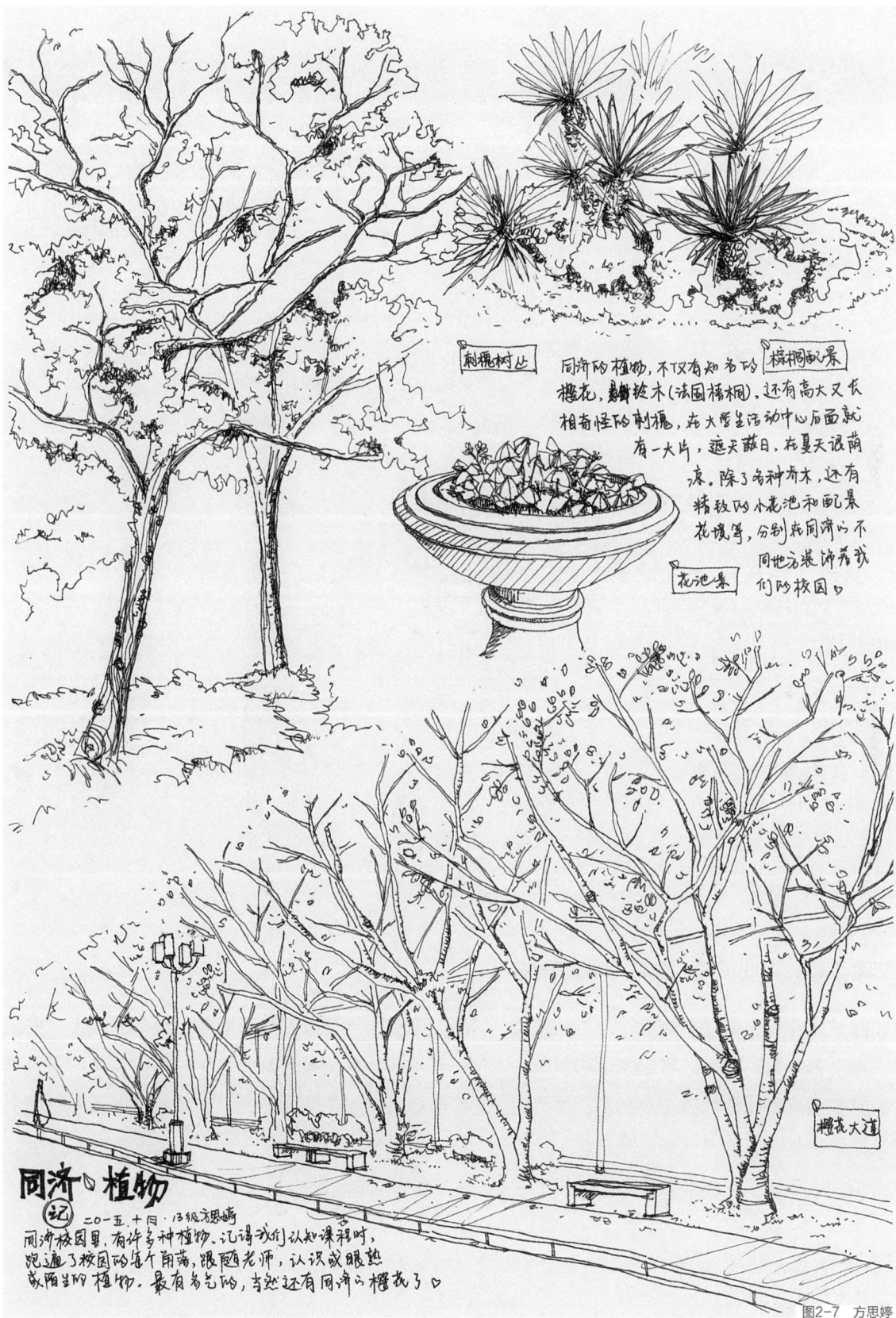

刺槐树丛

同济的植物，不仅有知名的
樱花，懸鈴木（法国梧桐），还有高大又长
相奇怪的刺槐，在大学生活动中心后面就
有一大片，遮天蔽日，在夏天很萌
凉。除了各种乔木，还有
精致的小花池和配景
花境等，分别花同济的不
同地方装饰着我
们的校园♡

梧桐配景

花池景

同济🈷植物

㊙ 二〇一五·十月·13级方思婷

同济校园里，有许多种植物。记得我们认知课程时，
跑遍了校园的每个角落，跟随着老师，认识或眼熟
或陌生的植物。最有名气的，当然还有同济的樱花了♡

樱花大道

同济的植物，不仅有知名的樱花，悬铃木（法国梧桐），还有高大又长相奇怪的刺槐，在大学生活动中心后面就有一大片，遮天蔽日，在夏天很荫凉。除了各种乔木，还有精致的小花池和配景花境等，分别在同济的不同地方装饰着我们的校园。

图2-7 方思婷

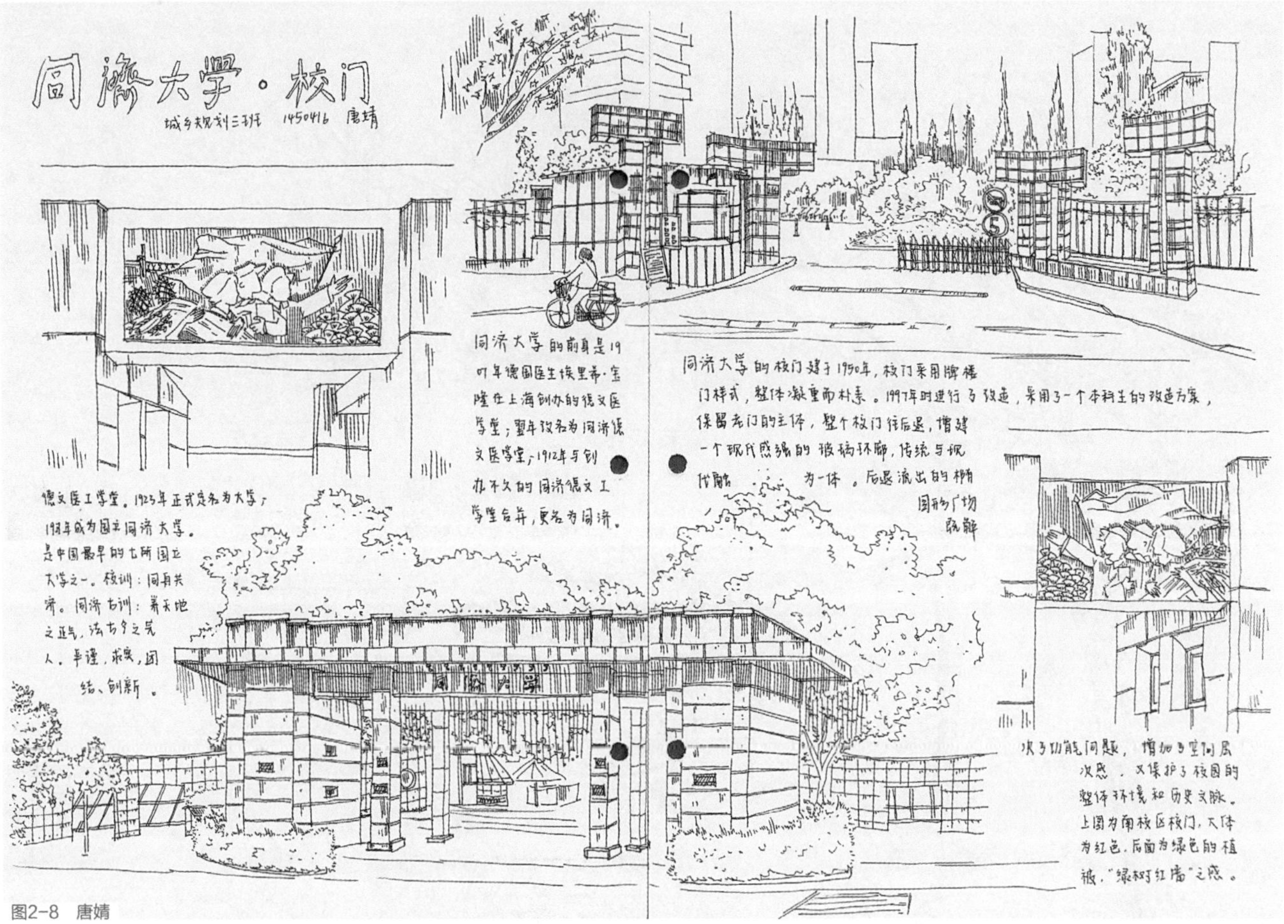

图2-8 唐婧

同济大学的校门建于1950年，采用牌楼门样式，整体凝重而朴素。1997年时进行了改造，采用一个本科生的改造方案，保留老门的主体，整个校门往后退，增建了一个现代感强的玻璃环廊，传统与现代融为一体。

（二）城市交通工具、工地机械、生活用具的写生

城市快速建设，抓斗机、水泥搅拌机以及校园随处可见的自行车、电动车、机动车等，看起来结构复杂，写生不易把握。其实画这些比植物要容易得多，这些机械、交通工具虽然结构复杂，但是线条清晰、明了，若是仔细、慢慢来画，大多同学其作业效果还是不错的。

还有一个原因是这些机械本身就是一个完整的设计品，画的时候可以完全不用考虑线条的取舍，只需一丝不苟地画出来就好，这往往是建筑学科的同学们所擅长的。正因为如此，许多老师在教学安排上常常把机械、交通工具作为室外训练的首选写生对象（图2-9、图2-10）。

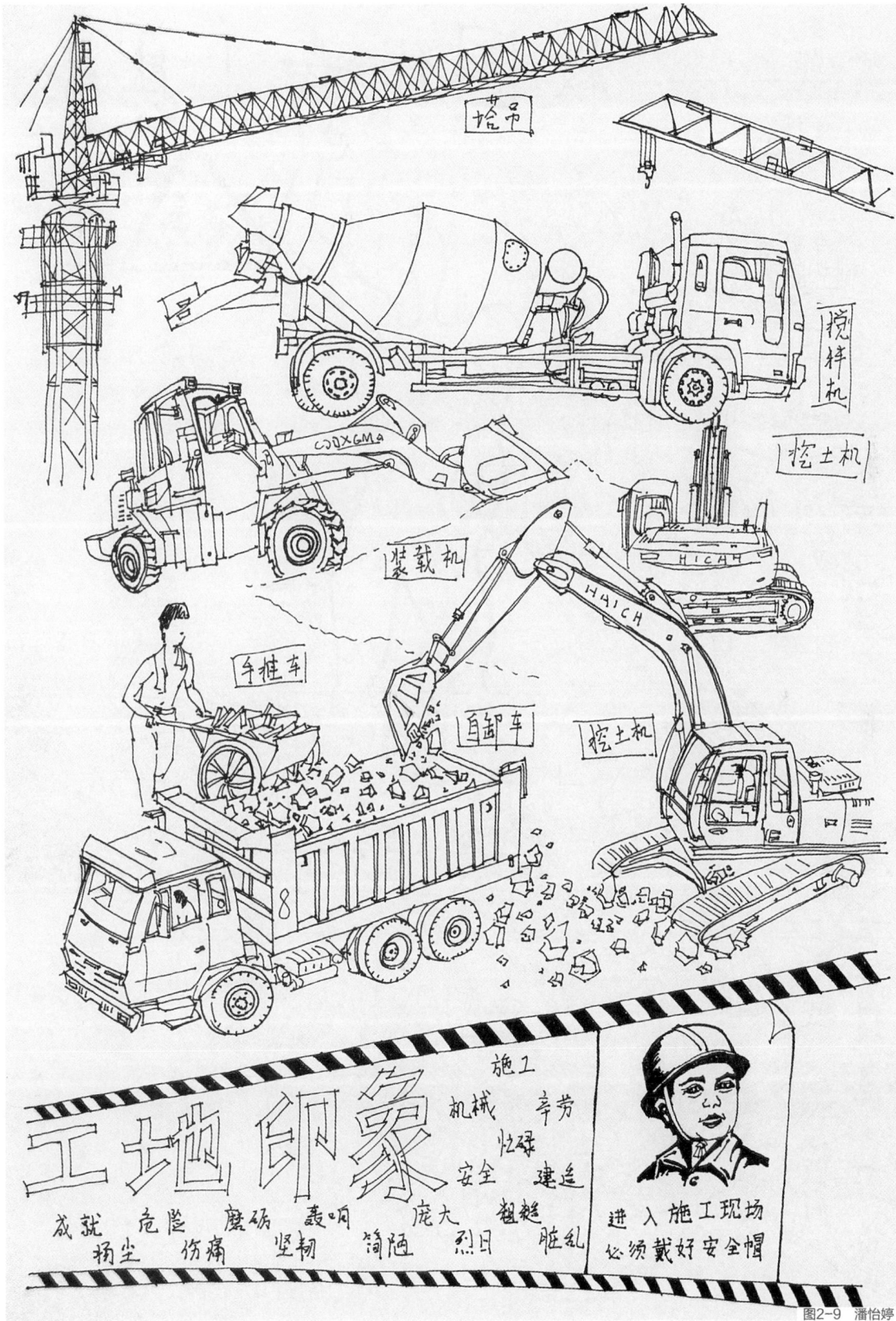

校园的改建、扩建几乎没有停止过，工地上的挖土机、自卸车、搅拌机等比比皆是，当然进入工地必须要戴好安全帽，经过工地指挥中心批准。在工地所能想到的词汇只是烈日、辛劳、忙碌、轰响、脏乱、安全等。

塔吊

搅拌机

挖土机

装载机

手推车

自卸车

挖土机

工地印象

施工
机械　辛劳
忙碌
安全　建造

成就　危险　磨砺　轰响　庞大　超越
扬尘　伤痛　坚韧　简陋　烈日　脏乱

进入施工现场
必须戴好安全帽

图2-9 潘怡婷

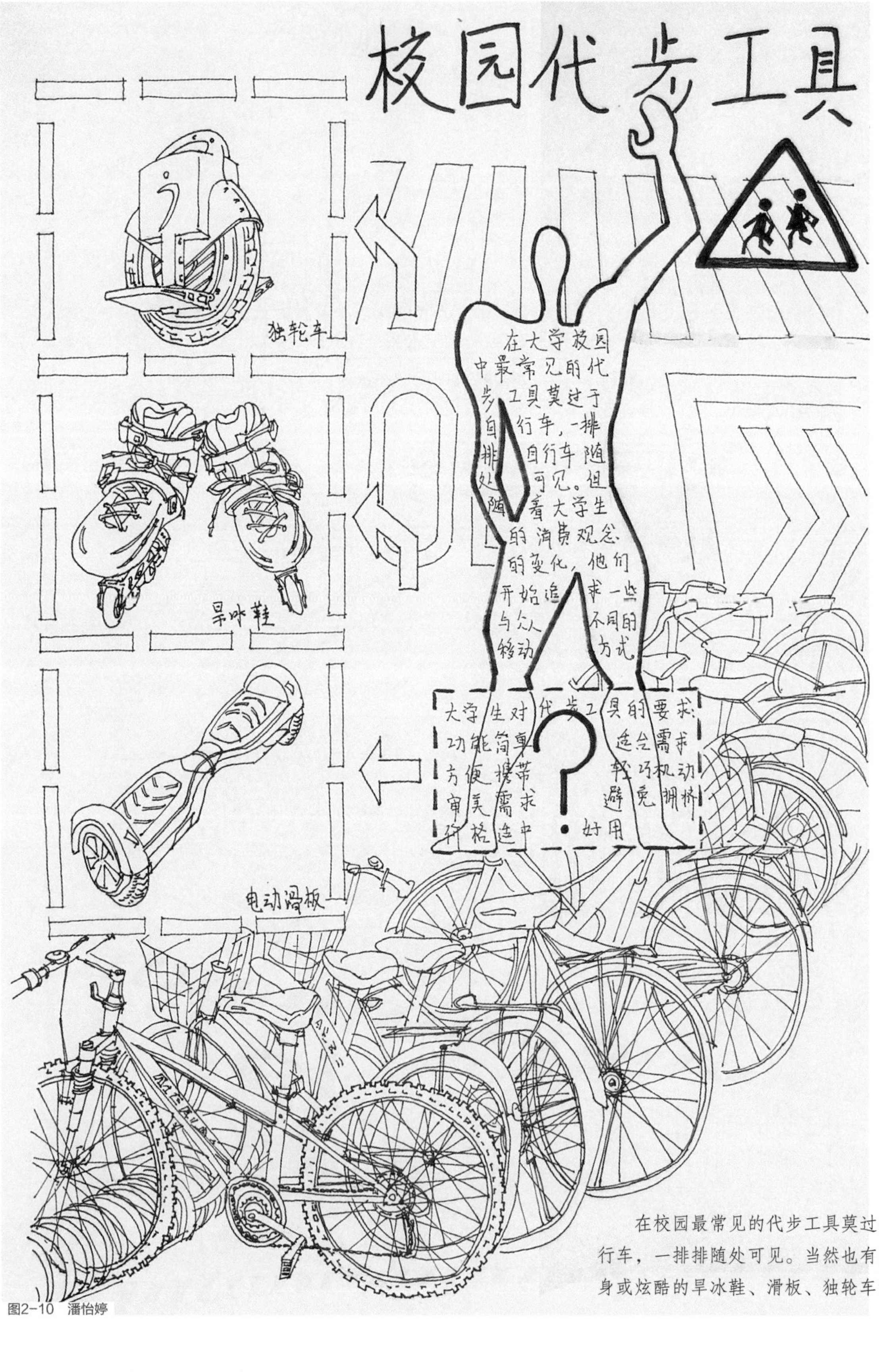

校园代步工具

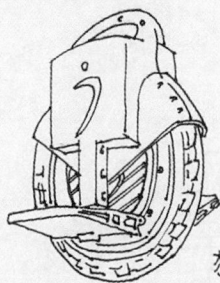

独轮车

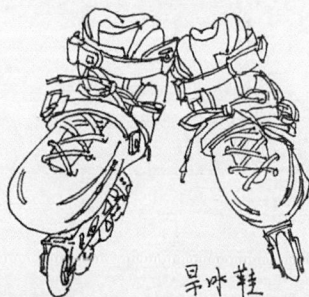

旱冰鞋

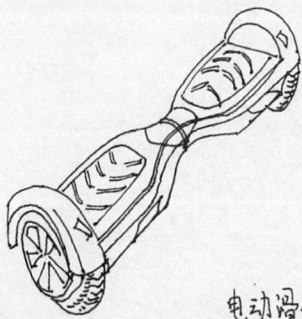

电动滑板

在大学校园代步工具莫过于自行车，一排随处可见。但随着大学生消费观念的变化，他们开始追求一些不同的方式与众人移动

大学生对单车带求中功能简便审格代步工具要求轻巧美观的适轻避免用好需要巧克机�求动拥桥

？

在校园最常见的代步工具莫过于自
行车，一排排随处可见。当然也有为健
身或炫酷的旱冰鞋、滑板、独轮车等。

图2-10　潘怡婷

1. 机械、交通工具的表现

　　机械、交通工具在建筑风景写生中也是重要的配景。主要有汽车、轮船等。配置交通工具时一般都安排在画面的近景或中景处，应与建筑功能和用途相符合并与建筑尺度相协调，以体现建筑的性质以及环境特征，增强其画面的艺术感染力（图2-11、图2-12）。

2. 生活用具的表现

　　在学校、家里或外出用随身携带的速写本画些生活小景、学习用具，勾勒几笔练练手感，成为学习钢笔画不可或缺的一部分。正常的课堂教学一周只有一次，时隔一周往往有生疏感，笔法也是手感，常常动手画一点，即使画上十来分钟，坚持一个学期，其效果也很明显（图2-13、图2-14）。

图2-11 林旭颖

上海大众出租车与人们的生活息息相关，随处可见。上网搜寻，似乎还真有人有兴致把上海所有出现过的出租车图收集到一块来一个大集合，有趣！

残破的老建筑与周围的新建筑融合，似乎看到了上海富有人情味的一面，现代交通工具也能穿行其间。

图2-12　赵一夫

大学生活与体育馆是分不开的，它是繁重学习之外最好的去处，健身器材复杂的结构造型具有现代美感。

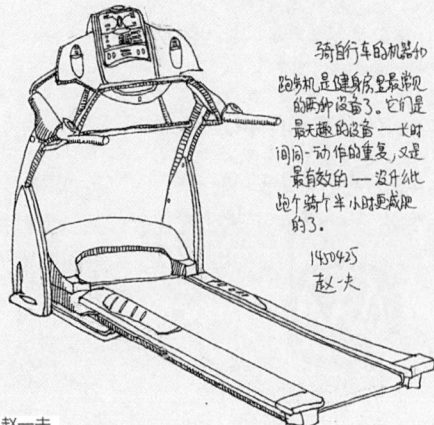

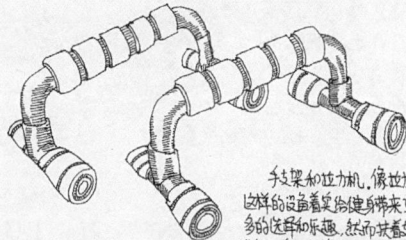

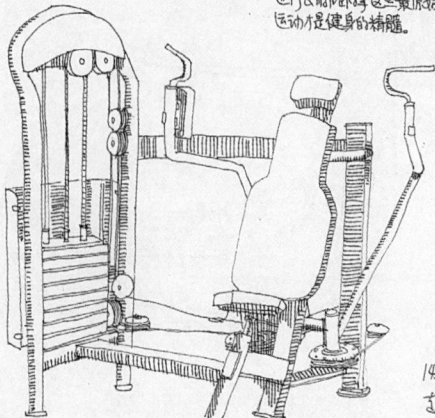

图2-13　赵一夫

铁路博物馆

铁路是人类文明进步的重要里程碑。中国铁路从1878年吴淞路正式起步。

上海铁路博物馆里摆放着的列车模型与各时代的铁路徽章，以及各种与铁路相关的构件，比较容易入画，也很有意思。

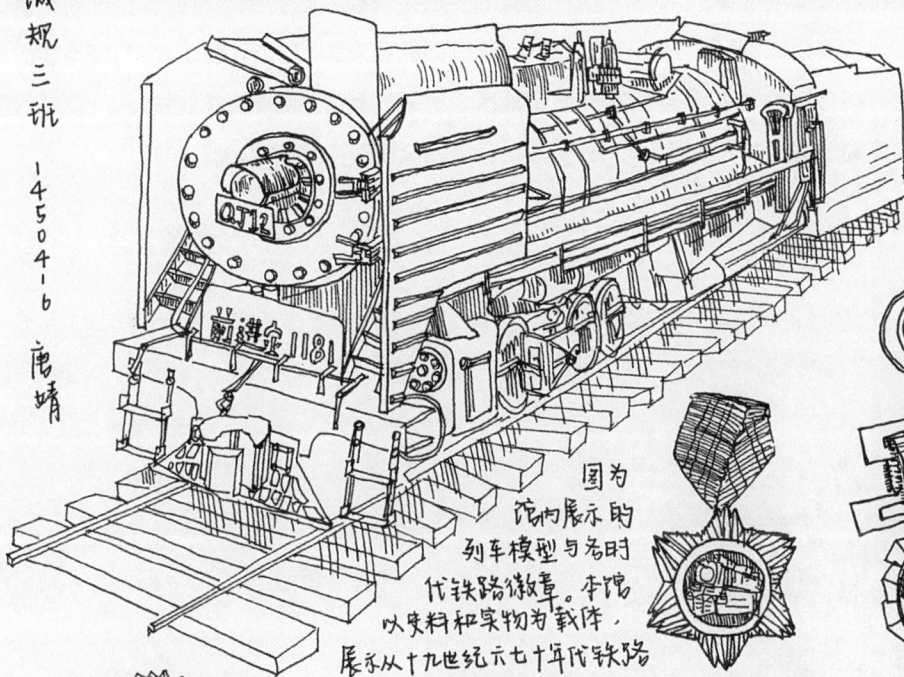

城规三班
1450416
唐婧

QJ12

前进型1181

图为馆内展示的列车模型与各时代铁路徽章。本馆以史料和实物为载体，展示从十九世纪六七十年代铁路进入中国后，发展的各个历程。

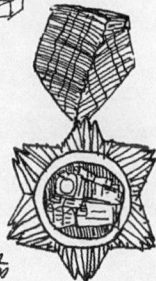

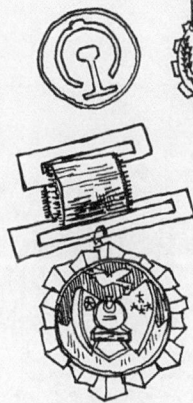

SHANGHAI ★★★★ BEIJING
东方号
上海·北京

红旗列车

红旗列车车牌

江泽民题词的"东方号"旅客列车车牌

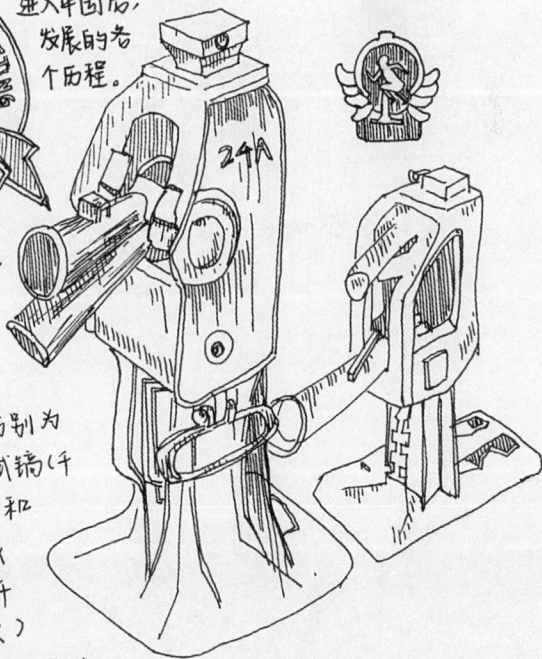

HAND
MN040
CAPACITY
50 TOMN

24A

左图分别为螺旋式镐（千斤顶）和机械镐（千斤顶）

右图为重型起道机（美国）与起道机。铁路在旧中国艰难发展，充满了艰辛与无奈。新中国建立后，铁路回到人民手里，从此就获得新生和较大发展，渐渐步入正轨。

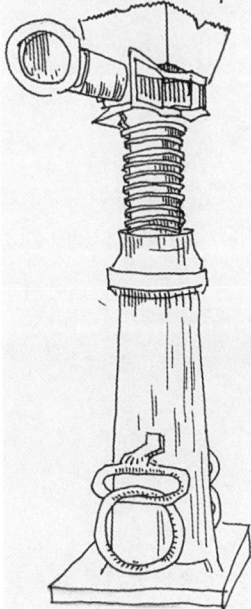

图2-14　唐婧

3. 人物的画法

  建筑学科的同学们在写生时最怕画人物，主要是人物比例掌握不好，所画形象甚为别扭。其实不能像美术院校那样把人物形象画得形神兼备、衣着结构刻画充分为准则。在建筑环境写生中，人物的描绘只是为了活跃画面气氛，借人物的比例了解到建筑物的空间与尺度的关系就可以了。人物的表现手法需要简单、概括，甚至用符号式的手法来表现人物的基本特征、正确的比例和动态，达到画面的要求即可。当然，服饰的描绘要注意与所画地区、季节、周围的建筑物相适应，反映基本的透视关系、地域风情等（图2-15、图2-16）。

图2-15　陈亦凡

  把握好人物的比例、大小与透视关系，反映出古镇的生活百态、人流交织。

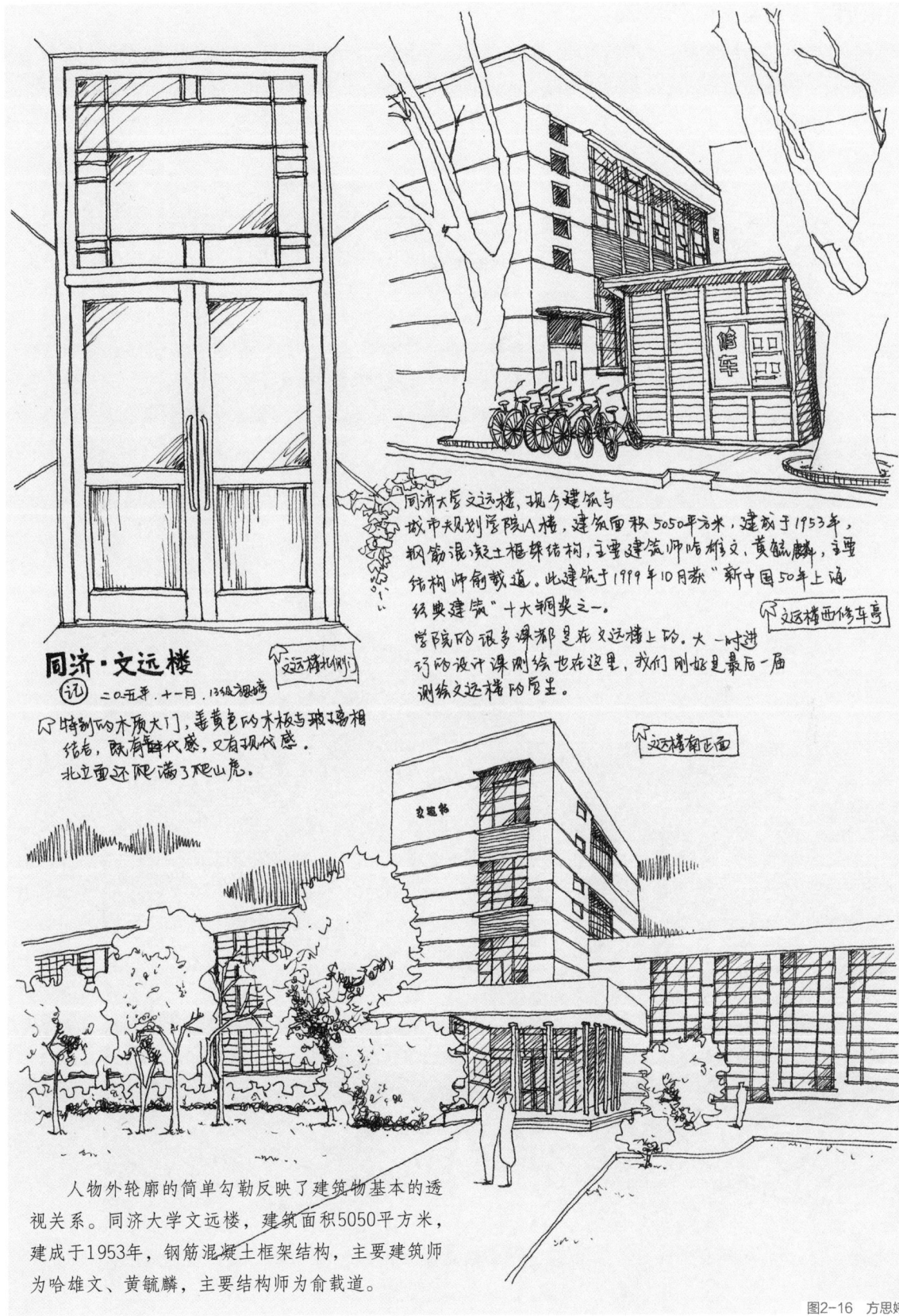

同济·文远楼
㊞ 二0五年·十一月·133级方思婷

同济大学文远楼,现今建筑与
城市规划学院A楼,建筑面积5050平方米,建成于1953年,
钢筋混凝土框架结构,主要建筑师哈雄文、黄毓麟,主要
结构师俞载道。此建筑于1999年10月荻"新中国50年上海
经典建筑"十大铜奖之一。 〔↗文远楼西修车亭〕
学院的很多课都是在文远楼上的。大一时进
行防设计课测绘也在这里,我们刚好是最后一届
测绘文远楼的层里。

〔↗文远楼北侧门〕

〔↗特别的木质大门,垂黄色的木板与玻璃窗相
结合,既有时代感,又有现代感。
北立面还爬满了爬山虎。

〔↗文远楼南正面〕

人物外轮廓的简单勾勒反映了建筑物基本的透
视关系。同济大学文远楼,建筑面积5050平方米,
建成于1953年,钢筋混凝土框架结构,主要建筑师
为哈雄文、黄毓麟,主要结构师为俞载道。

图2-16 方思婷

（三）门厅、楼道与室内空间表现

　　门厅、楼梯、楼道结构复杂，形体繁琐，较难把握，写生时可以借助手机拍照来观察构图，主要是通过图片来理解透视。特别是对于楼梯、楼道的表现，把握住了透视，也就有了画好这幅画的底气，以概括的线条画出透视、转折，后面就是耐心细致地刻画了（图2-17~图2-19）。

图2-17　赵一夫

　　这个作业的要求是用四种不同方法处理同一张画。我选的是C楼楼梯下面的桌椅。我先画的第一幅线稿，然后复印了好几张尝试不同的处理方法。第二张我尝试还原材料，用木板和卡纸进行拼贴。第三张利用毛笔水足时和快干时的两种效果进行处理。第四张用的马克笔，正面画完感觉太黑，偶然翻到反面却发现有一种奇特的效果。

公共建筑物的门厅与居室的门厅有些区别，居室的门厅门是在进门的地方作为缓冲区，起过渡作用。作为公共建筑物的进门大厅，比如教学楼、酒店等，一般活动范围较大，是建筑物当中较为重要的部分。门厅、室内空间的表现不仅要考虑周围植物的安排，画面取舍、虚实、黑白等各种技巧的处理也是画好一幅画的关键（图2-20~图2-22）。

北楼东面侧门

刚开始画建筑物，最大感觉是线不太画得直，感觉形体画歪扭扭不对，可能是很久没画第一次画得缘故，但天气很好。

林旭颖 2015.5.25

图2-18 林旭颖

今天开始画建筑物，最大的感觉是线条画得不太直，形体歪歪扭扭。

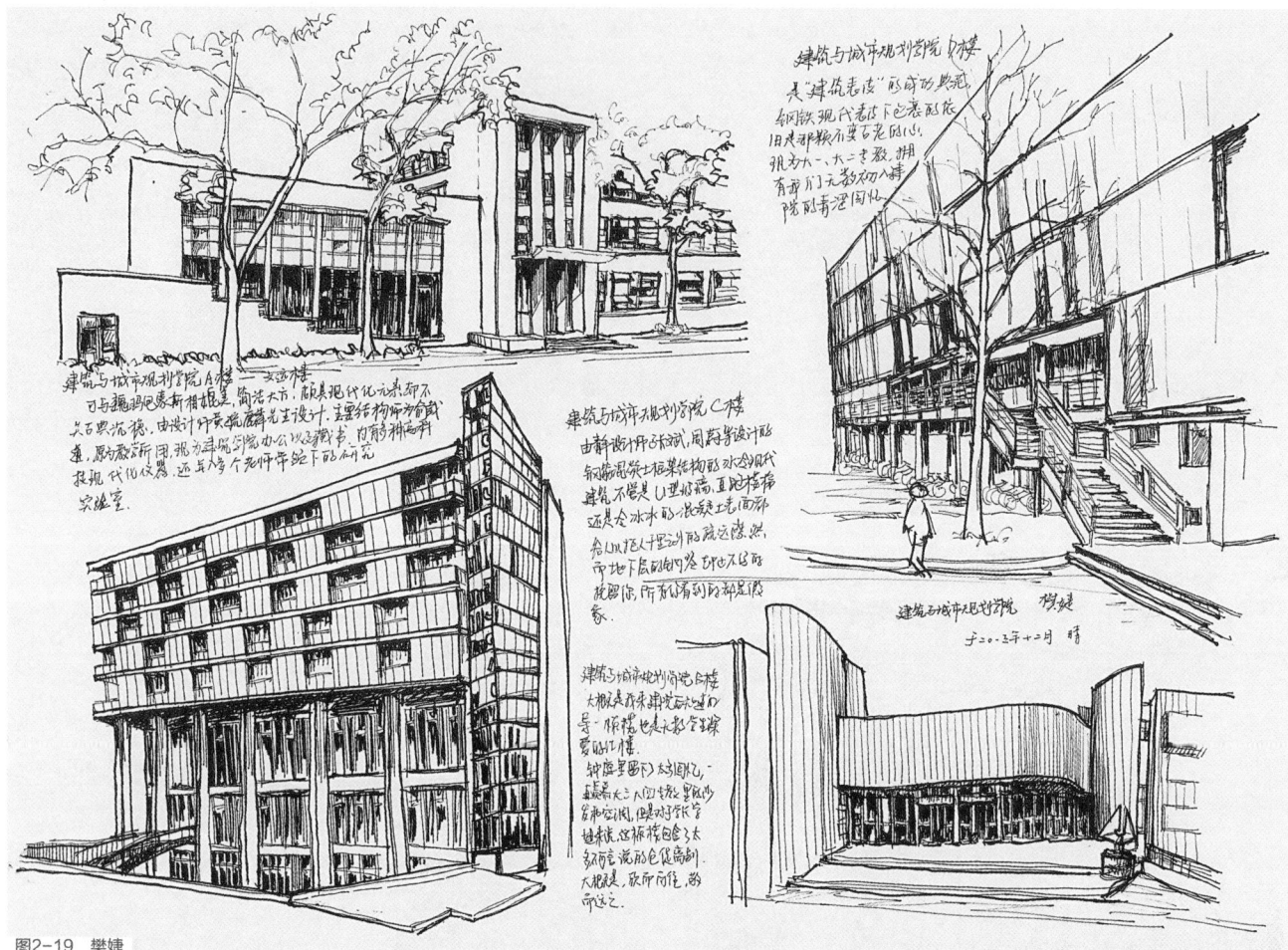

图2-19 樊婕

同济大学建筑与城市规划学院的A、B、C、D四座教学办公楼都是现代建筑，却各具特色。简洁大方、古典沉稳的文远楼，钟庭里留下太多回忆的红楼，底楼传出悠扬琴声的C楼，"建筑表皮"成功典范的D楼。

（四）城市建筑景观写生及视觉笔记表现赏析

通过植物写生学习各种笔法，交通工具的写生练习了把握整体结构的能力，门厅、楼道的写生有利于对透视的认识，这些为我们进一步学习建筑景观的表现奠定了基础。尽管我们的表现技巧还不够成熟，作品显得稚嫩，但我们还是要走出去，面对现代城市各种风格、结构复杂的建筑物，敢于表现，所谓"一分耕耘，一分收获"。

同济大学土木工程学院大楼是同济大学内第一幢真正意义上的钢结构建筑物，也是全国第一座全钢结构的高校办公楼。工程总建筑面积14920平方米，层数8层（半地下1层），建筑高度31.9米，整个大楼采用全钢结构形式，外墙采用配合的挂板，整体表现出现代先进结构的优越性。一条"沉降缝"形成了一道独特的景观。土木大楼由一座主楼与附楼衔接而成，设计人员巧妙添加比缝，不仅解决了主附楼之间对施工纲要求的差异，也结合了省材的考量，堪称一绝。分开的沉降处理，加大了地基处理的难度，这也是如今"沉降缝"如此独特的原因。

14150431 刘卿云

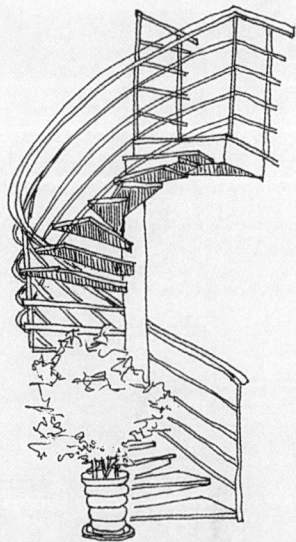

从外部布局上看，建筑与结构的协调是此座大楼最显眼的亮点。块体的构成增加了金属冷质下的灵活，玻璃与钢的搭配更使之融合了强劲与轻盈的特质。

上图为土木楼内一层的旋转楼梯，中间为土木楼门前石牌，左为土木楼前雕塑，很有设计感。

土木工程学院大楼是校园里比较漂亮的建筑，全钢结构与玻璃的搭配，融合了强劲与轻盈的特质，加以门前的雕塑以及门厅的旋转楼梯，极具设计感。

图2-20 刘卿云

大学生活动中心308，校团委里颜值最高部门所在地，至今已陪伴
二年，是感情深厚之地；寝室，凌乱又似乎有序的状态；红楼丰富的专
业书籍报刊，是寻求案例的好地方，也是避免与人争抢座位的好去处。

常去的地方TOP3

1. (上图). 大学生活动中心308. 芙菁志愿服务大队革命根据地.
校团委里颜值最高部门所在地. 书今已陪伴二年. 是感情深厚之地.

2. (右图). 西南二某寝室. 在了毕业后就一直处于混乱mess状态. 最好玩
之处就是从天而降的拖线板电线、贴墙的记事硫酸纸 W及满是衣服
的椅子.

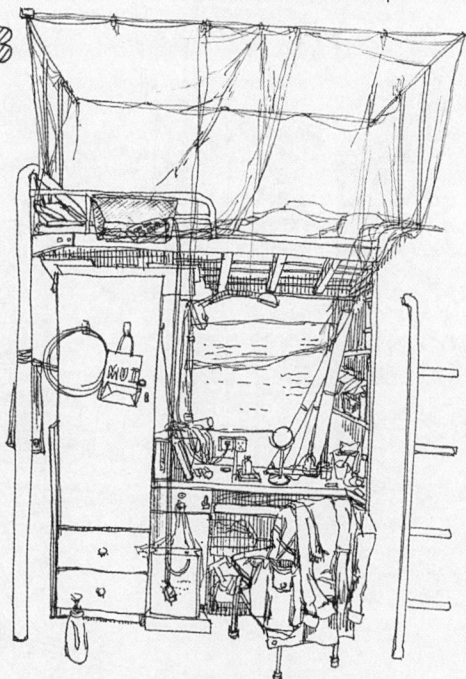

3. (方图). 红楼(B楼)一层阅图.
环境优秀高质量. 书籍报刊内容丰富. 是找寻案例的
好地方. 也是避免和他人争抢校园书馆的好去处.

1354171 张中菁

图2-21　张中菁

TJ LIBRARY

图书馆是一个学校的灵魂,一个学校的学风、学习的氛围,在图书馆就可以深切地感受到。最名的是图书馆并不是现在的V型配高楼,而是右侧排红墙一样的门型红砖楼。

当图书馆

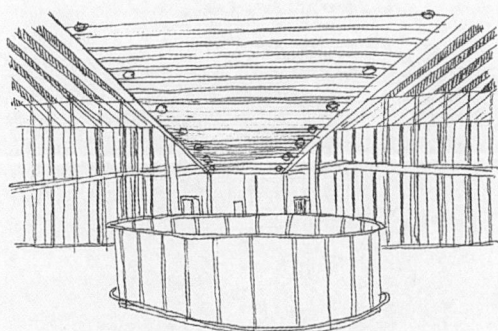

入口大厅,用圆形工作台设计,加强它的中心性,人们从四面八方到达工作台,进行借书、还书、咨询等服务。

右边是加建的部分。右边是书库。

图书阅览室,里面也有提供自习的桌子。

图2-22 王嘉欣

1450420 王嘉欣

图书馆是学校的灵魂。一个学校的学风、学习的氛围,在图书馆就可以深切地感受到。入口大厅用圆形工作台设计,加强它的中心性,人们从四面八方到达工作台,进行借书、还书、咨询等服务。

图2-23 刘辉

随身带个速写本或者拍照采集，空闲时顺便勾勒一下，为以后专业设计拓展思路、提供灵感的源泉。这里是上海十钢的老厂房，现在是公共雕塑艺术殿堂，建筑结构高大，空间开阔。为上海搭建起一个集展示交流、制作孵化、雕塑储备、艺术教育四位一体的具有国际水准的城市雕塑艺术中心。

图2-24 刘卿云

原为景林庐。砖混结构，1923年建。典型的上海近代时期的外廊式建筑，略具英国安妮女王时期建筑风格特征。

图2-25 胡琪旻

上海半岛酒店是外滩60年来唯一的新建筑，雄居外滩黄埔江畔，与周边的著名历史建筑群和谐融合，交相辉映。

关注繁
华都市下的
弄堂生活，
棚户区和高
层建筑的凌
乱与整齐、
混杂拼贴，
从拥挤的人
潮绕进弄堂，
依然可见逼
仄的空间。

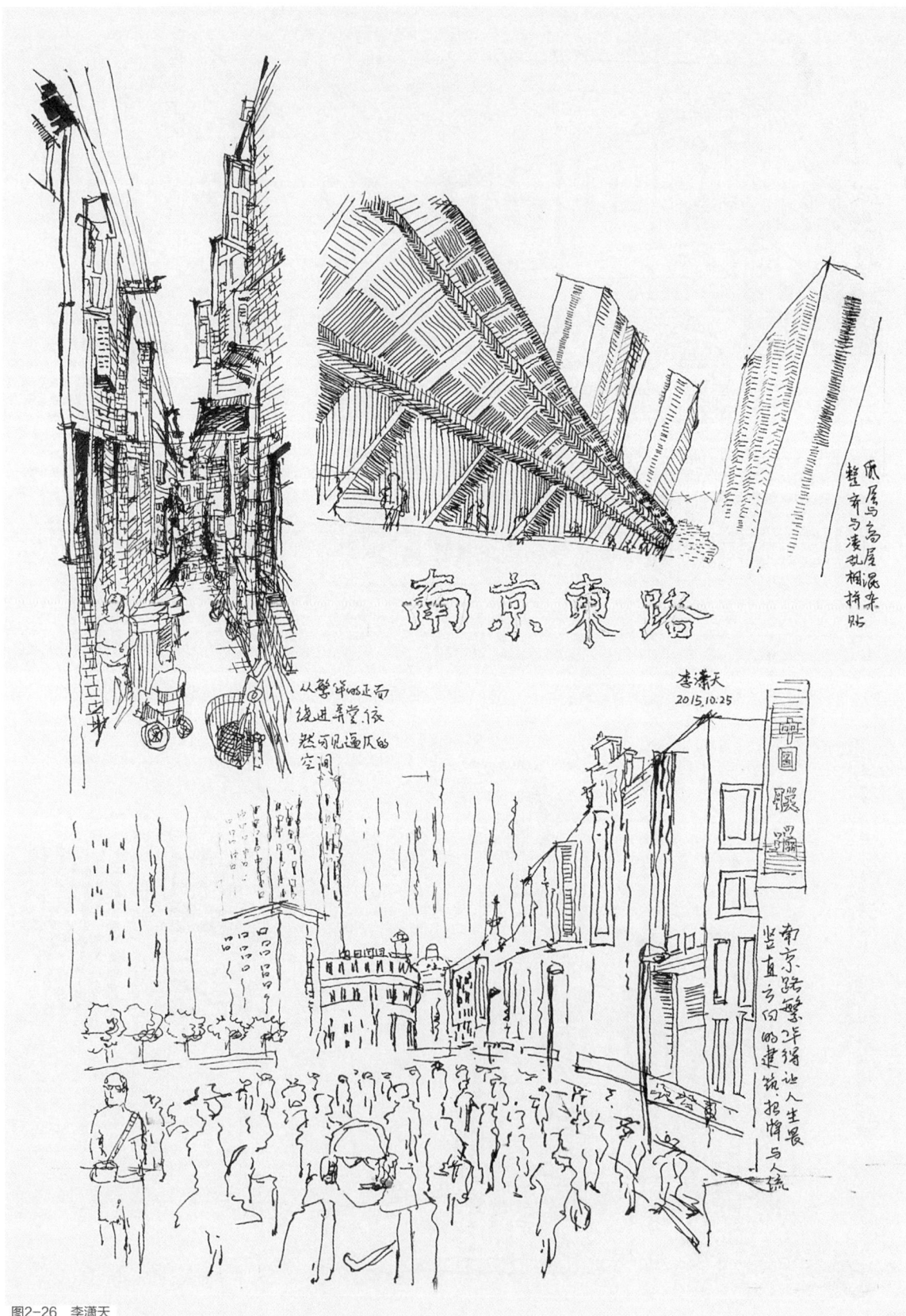

南京東路

从繁华的正面
绕进弄堂依
然可见逼仄的
空间

李潇天
2015.10.25

低层与高层混杂
整齐与凌乱棚挤
拼贴

南京路繁华得让人生畏
垂直方向的建筑招牌与人流

图2-26 李潇天

红坊位于淮海西路570~588号核心地段，与上海城市雕塑艺术中心融为一体。没有商业步行街的繁华，多了梧桐掩映，闹中取静。又因处长宁、徐汇、静安三区交界地带，从区位上更具向三方辐射的优势。

图2-27 张中菁

同济大学医学院大楼是非常有特色的一栋建筑，有14层左右，表面由很多瓷砖铺成，上方有超大的开窗，其中部分空间采用了全玻结构。3层是大楼的主入口，并且作为整一层的公共空间。大楼里有自习室，好像是24小时的，很令人羡慕。这栋楼里面容纳了大量实验室，与医学有关的专业都在这里。

右边是医学院大楼的北面，非常有特色的一栋建筑。它的表面有很多瓷砖铺成，上方由超大的开窗，其中部分空间采用了全玻结构，就是几乎由玻璃构成的。特别注意它这条坡度不小的长长的坡道，据说当初是想作为无障碍通道，但我们只要稍微想想就会意识到这完全是在开玩笑，我想顶多也就能给运货小推车用用，不然跟楼梯没什么区别。

同济大学医学院大楼
2015.11 14
这栋医学院大楼有多层左右。3层是大楼的主入口，并且作为整一层的公共空间。大楼里有自习室，好像是24小时的，很令人羡慕。据说1、2层是解剖的地方，气味也不是很闻，一般人还真不敢去呢，尤其是深夜。大楼的高度可以说在同济的建筑中算比较高的了。这栋楼里面容纳了大量实验室，与医学有关的专业都在这里。

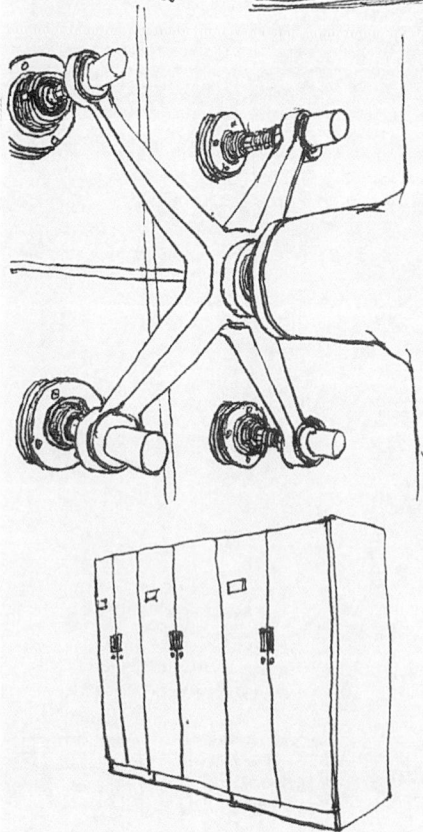

林旭颖/1450427

左边画的就是上面提到的全玻结构的结点。所有的玻璃都是通过这种方式固定在一起。具体地说，这样一个"爪子"同时固定住四块玻璃的各一个角，每块玻璃的四个角都会被这种"爪子"抓住，这是全玻结构做法的一种。右边画的是一盏吊在公共空间上方的吊灯，吊在三层高的地方，但我还从没见它被开过。左下方的橱柜在医学院大楼的楼道里比较常见，而且比较密集，猜想是给做实验的人放各种随身物品的，实验室一般不能随便什么都往里带。右下方画的是在楼梯间里发现的一种不知如何操作的声、光延时开关，似乎整栋大楼都使用的这种开关。

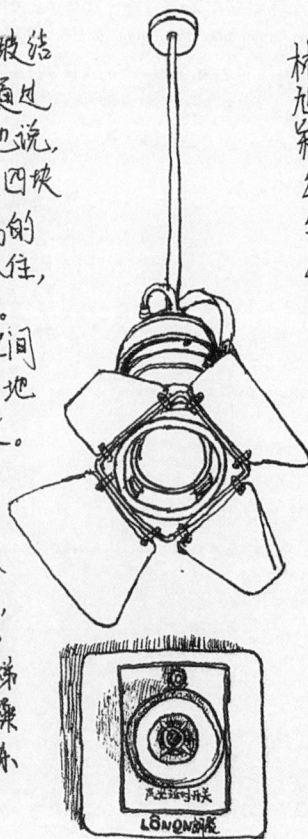

图2-28　林旭颖

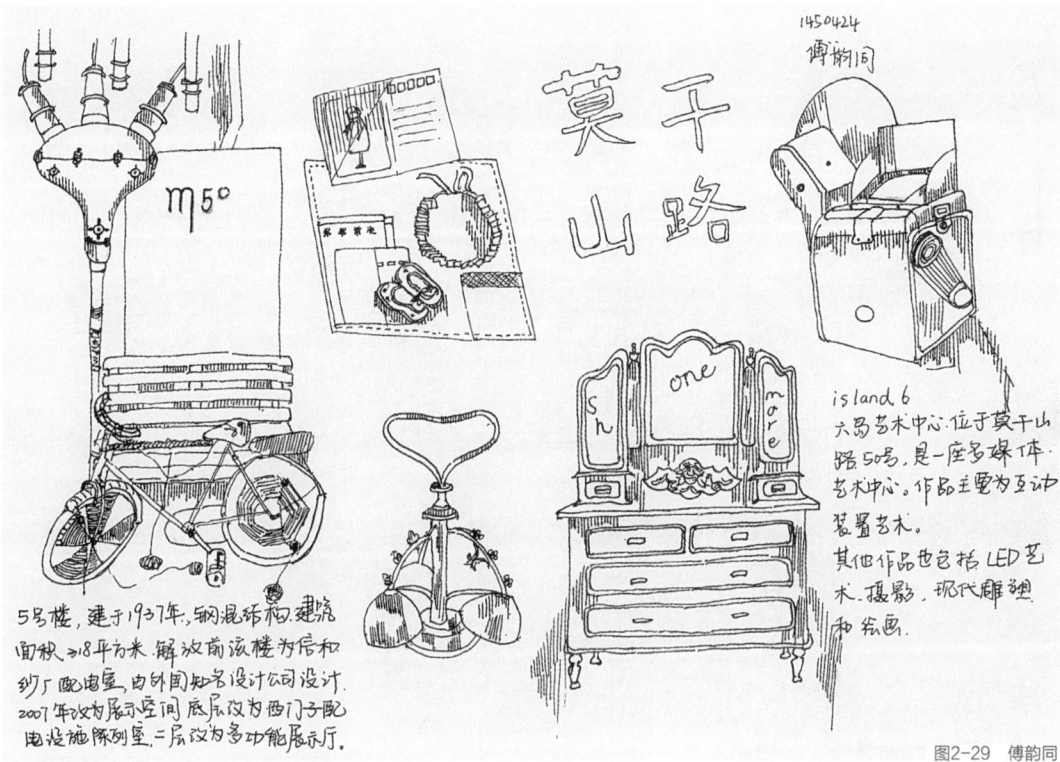

图2-29 傅韵同

上海苏州河沿岸的工厂仓库不仅仅是保留这座城市记忆的载体，也是前卫的当代艺术的创作和发展的空间。可以说，莫干山路50号的艺术仓库实现了旧和新、历史和现代、文化和艺术的生动结合。

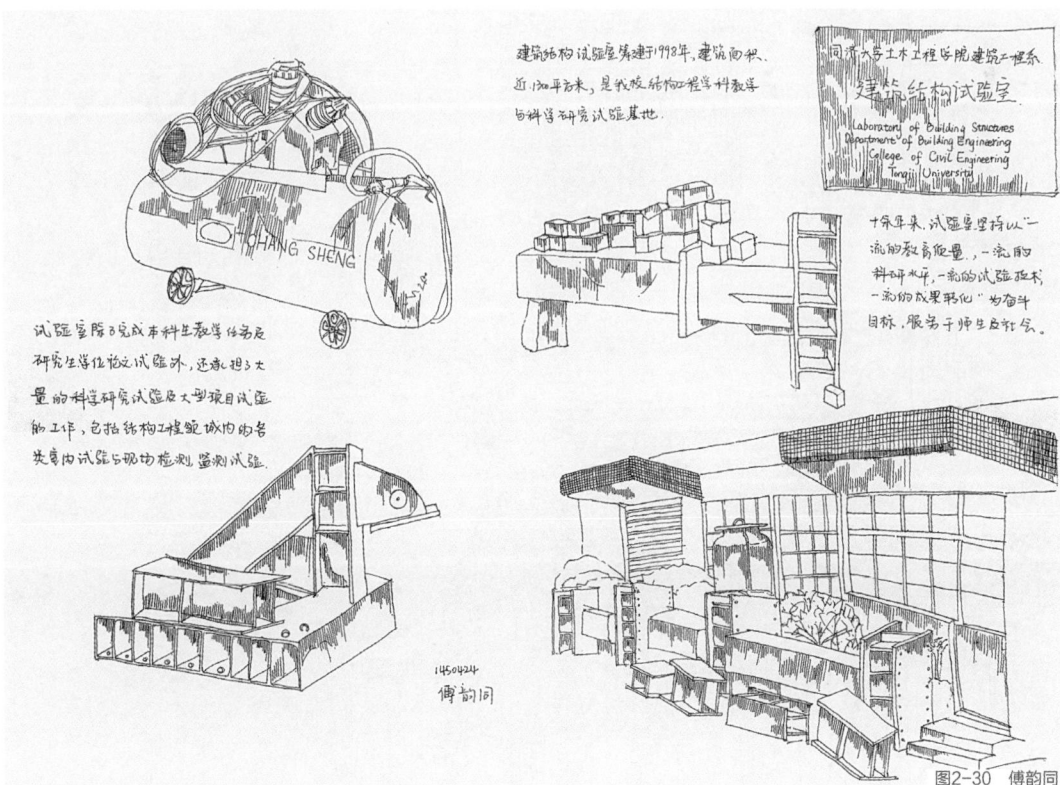

图2-30 傅韵同

同济大学建筑结构试验室筹建于1998年，建筑面积1300平方米，是我校结构工程学科教学与科学研究试验基地。

城隍庙坐落于上海最负盛名的豫园旅游景区，始建于明永乐年间。城隍是汉族民间信仰和道教信奉守护城池之神，如今城隍庙与豫园已融为一体，成为上海著名的商业中心。

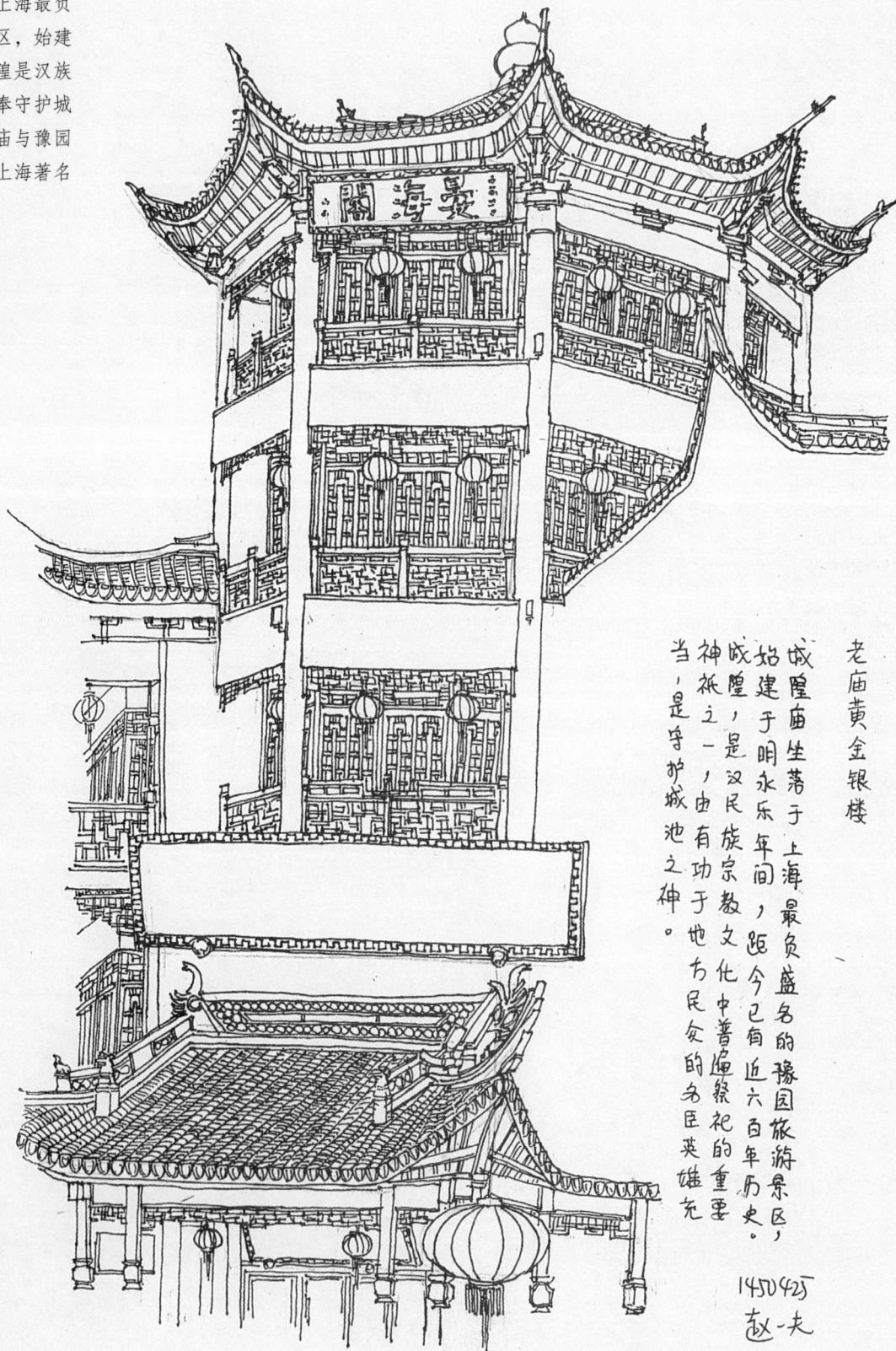

老庙黄金银楼

城隍庙坐落于上海最负盛名的豫园旅游景区，始建于明永乐年间，距今已有近六百年历史。城隍，是汉民族宗教文化中普遍祭祀的重要神祇之一，由有功于地方民众的名臣英雄充当，是守护城池之神。

145.04.25
赵一夫

图2-31 赵一夫

外滩南起延安东路，北至外白渡桥，矗立着52幢风格迥异的古典复兴大楼，素有"外滩万国建筑博览群"之称，成为旧上海时期的金融中心、外贸机构的集中带，一直以来被视为上海的标志性建筑，是城市历史的象征。

外滩，位于上海市中心黄浦区的黄浦江畔，即外黄浦滩，1844（清道光廿四年）延达一带被划为英国租界，成为上海十里洋场的真实写照，也是旧上海租界民众反整个上海近我城市开始的起点。

外滩南起延安东路，北至外白渡桥。

外滩 邱雁冰

贰零壹伍·拾壹

图2-32 邱雁冰

马勒别墅，1936年建成。在上海市延安中路陕西南路拐角处，有一幢极具北欧风情的花园别墅，历时9年造成而成。没什么逻辑地画了几幅，在马路上看别墅就像童话中的城堡一般；后花园见到以铸铁窗跟耐火砖碰撞在一起产生的奇妙搭配，对比强烈；豪华的皮沙发看起来有些年代了。

马勒别墅

马勒别墅位于上海市陕西南路30号，占地五千余平方米，花园面积近两千平方米。1927年由英籍犹太人、马勒委托当时的著名的华盖建筑事务所设计建造的私人花园别墅，历时9年，于1936年竣工。主建筑为法斯堪的那维亚式挪威风格建筑，宛如童话世界里的城堡。1989年，马勒别墅被列为上海市第一批优秀近代建筑。

没有什么逻辑地画了几幅，都只是感觉兴趣吧，最大的是在马路上看别墅，就像童话城堡一般；左上是后花园处见到以铸铁窗跟耐火砖碰撞在一起的奇妙搭配，对比强烈；右上是豪华的皮沙发，看起来有点年代了。

邱雁冰
2015.11.15

图2-33　邱雁冰

景林庐

——乍浦路260号

2015.9.28

邱雁冰

• 窗框边使用仿柱子形式的科林斯柱式，窗框部用上了白色塑钢窗框，略显柔和，砖都采用红砖。

• 是墙外观青砖为主，券和装饰线脚用红砖，主立面设连续的券柱式外廊，券窗采用半圆形多种形式，施简化的古典柱式。

• 景林庐是1923年建成的砖混结构建筑，是典型的上海近代时期的外廊式建筑，略显某国古城近红时期风建筑风格特征。

• 结构画得不够清晰，透视感觉也把握得不够好。

• 较大的窗口上沿会有像建筑结构的构件的凸出，或是作用为限制顶档下坠的构件。

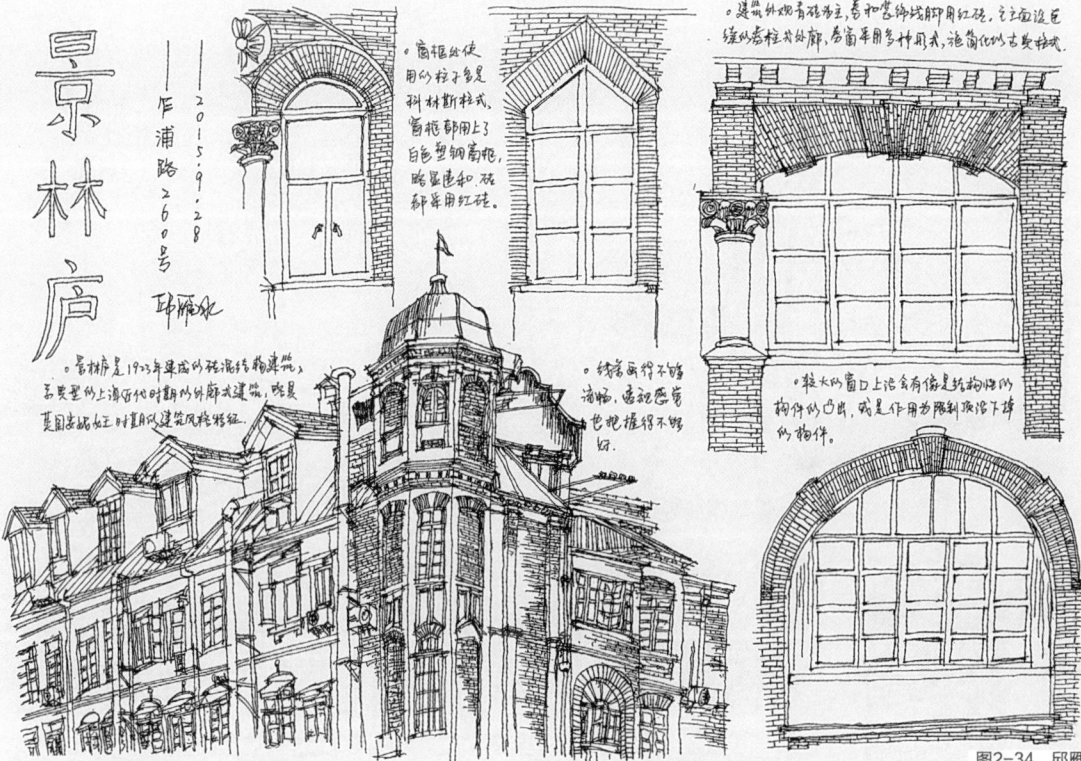

图2-34 邱雁冰

景林庐，位于乍浦路260号，建筑外观以青砖为主，券和装饰线脚用红砖。主立面设连续的券柱式外廊，券窗采用半圆形、弧形、三角形和双联券多种形式，施简化的古典柱式。

景林庐 9.28

这座年龄超过90岁的历史保护建筑处在上海市虹口区昆山路，是一座基督教堂，现名景灵堂。该建筑坐南朝北，主楼有3层。景灵堂经常有活动，每周日也有许多人来做礼拜。在现场也会有唱诗班献唱，就像在西方电影里看到的那样，这就是当年上海最大的教堂。后来在文革时期报道遭到了一定的破坏，不得不被关闭，文革结束后又把它修复再次开放，在1985年还进行了护建。如今的这座历史保护建筑看上去还是很新的，而且里面还有很多人住。

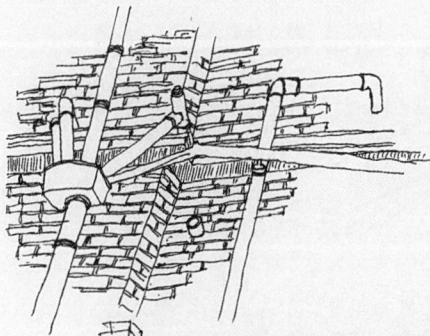

图2-35 林旭颖

昆山路、乍浦路转角处为八角形塔楼，二层窗为圆券带尖饰，三层为扁券带券心石，四层为半圆券柱式，尖顶带德式风格的金黄色铁皮屋顶。南立面窗式多样，有半圆、双联半圆、扁圆及双联三角等多种窗饰，丰富又不失杂乱。

陆家嘴是中国最具影响力的金融中心之一，也是上海的热门景点。位于浦东新区黄浦江畔，面对上海外滩。集金融、商务、贸易、休闲于一体。东方明珠、金茂大厦、环球金融中心等标志性建筑物均位于此。

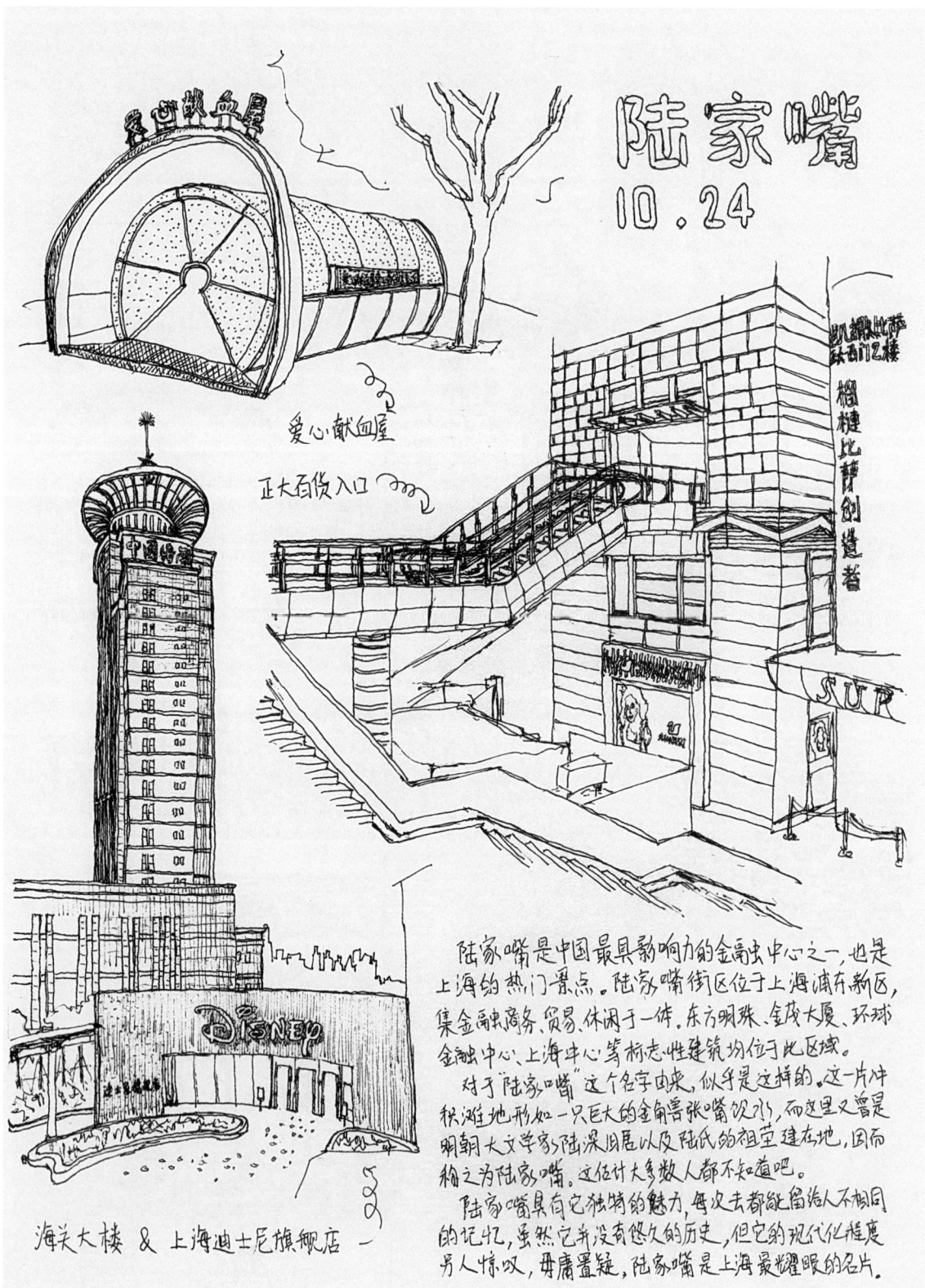

陆家嘴
10.24

凯撒比萨
林西门2楼

榴梿比萨创造者

爱心献血屋

正大百货入口

SUP

海关大楼 & 上海迪士尼旗舰店

陆家嘴是中国最具影响力的金融中心之一，也是上海的热门景点。陆家嘴街区位于上海浦东新区，集金融商务贸易、休闲于一体。东方明珠、金茂大厦、环球金融中心、上海中心等标志性建筑均位于此区域。

对于"陆家嘴"这个名字由来，似乎是这样的。这一片冲积滩地形如一只巨大的金角兽张嘴饮水，而这里又曾是明朝大文学家S陆深旧居以及陆氏的祖坟建在地，因而称之为陆家嘴。这位计大多数人都不知道吧。

陆家嘴具有它独特的魅力，每次去都能留给人不相同的记忆，虽然它并没有悠久的历史，但它的现代化规意另人惊叹，毋庸置疑，陆家嘴是上海最耀眼的名片。

图2-36 林旭颖

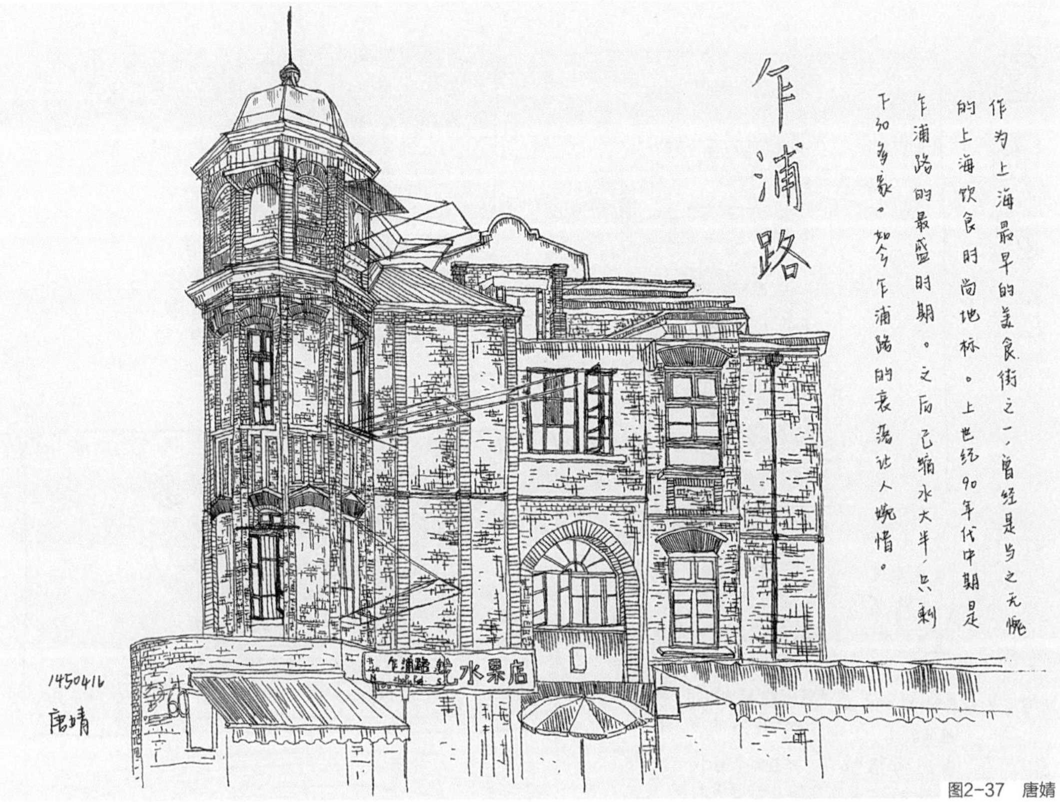
乍浦路
作为上海最早的美食街之一，曾经是当之无愧
的上海饮食时尚地标。上世纪90年代中期是
乍浦路的最盛时期。之后已缩水大半，只剩
下30多家。如今乍浦路的衰落让人惋惜。
水果店
1450416
唐靖

图2-37 唐靖

乍浦路作为上海最早的美食街之一，曾经是当之无愧的上海饮食时尚地标，犹如今天的“新天地”一样。但在经历了过往的兴盛之后，如今乍浦路的衰败则让许多人感到无奈与惋惜。

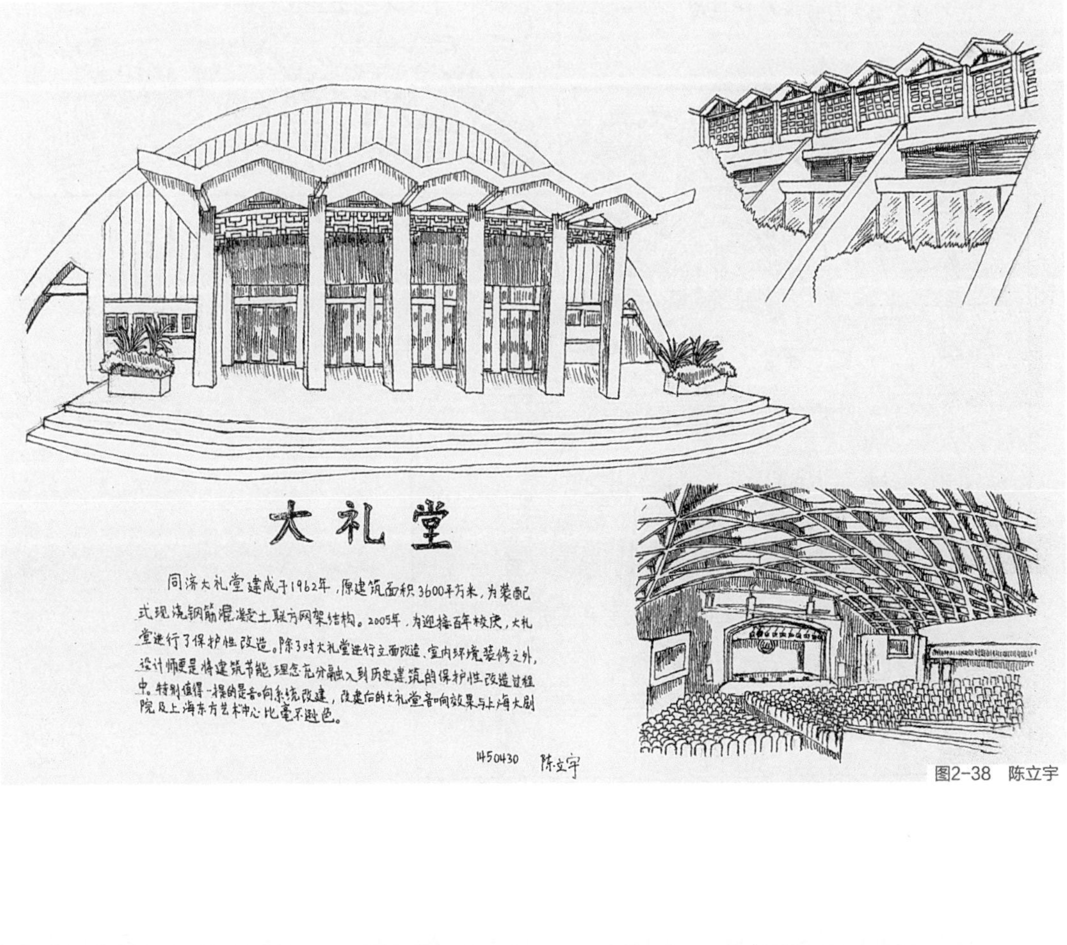
大礼堂
同济大礼堂建成于1962年，原建筑面积3600平方米，为装配
式现浇钢筋混凝土联方网架结构。2005年，为迎接百年校庆，大礼
堂进行了保护性改造。除了对大礼堂进行立面改造、室内环境装修之外，
设计师更是将建筑节能理念充分融入到历史建筑的保护性改造过程
中。特别值得一提的是音响系统改造，改建后的大礼堂音响效果与上海大剧
院及上海东方艺术中心比毫不逊色。
1450430 陈立宇

图2-38 陈立宇

同济大学大礼堂建成于1962年，原建筑面积3600平方米，为装配式现浇钢筋混凝土联方网架结构。该建筑于1999年10月获“新中国50年上海经典建筑”提名奖，被列入上海市第四批优秀历史建筑名单。

圆明园路是位于中国上海市黄浦区的一条南北向道路，南起滇池路，北至苏州路，全长462米。无方案的周末，约上小伙伴，前去逛逛也好，也可以重温、学习一下课堂里讲到的罗马柱。

圆明园路

圆明园路是位于中国上海市黄浦区的一条南北向道路，无方案的周末，约上小伙伴，前去逛逛也好。

上海老洋房

这里的大楼，有些洋华般的容光焕发，在城市的角落里，还有那么完整的一个街区。似乎从欧州某地般过来，连同精神气儿，原封不动的到达上海。

柱饰种类：多立克、爱奥尼克、科斯林

比例、形状 柱身处理 → 老汉雕列 → 样式各异。

爱奥尼克：有较纤细轻巧并属于精致的雕刻，柱身较长，上细下粗，但无弧度，柱身的沟槽较深，并且为半圆形。上部柱头由装饰带及位于某上的两个相连的大圆形涡卷所组成。

图2-39 王闽欢

王闽欢 Kkuma

透过生活的窗扇，细细品味四季的流转，年华易逝，然而片段却又是温馨美好的。窗扇折射出生活万象，带动岁月的悠悠流转，学会享受生活，感悟生活的美好。

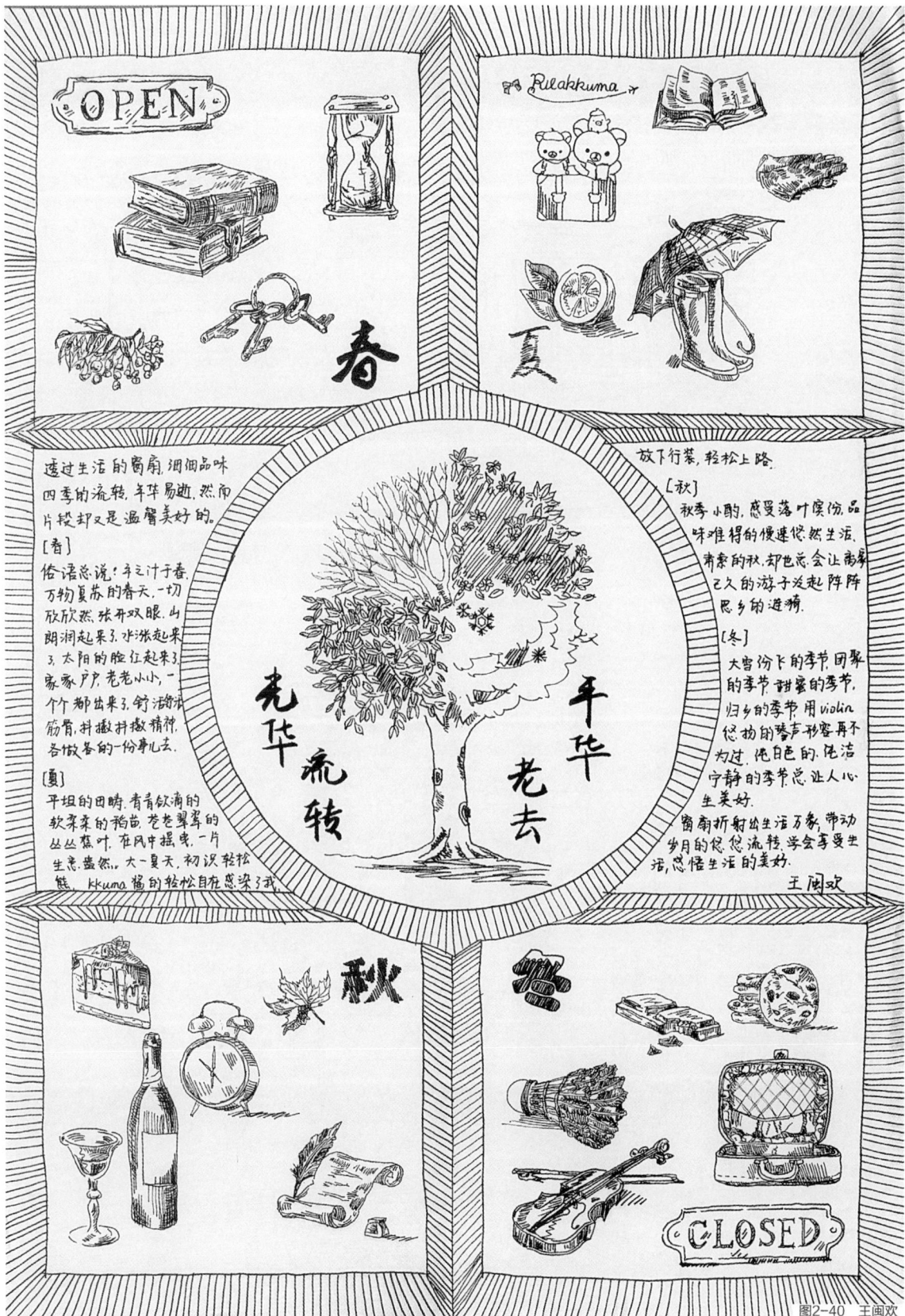

图2-40 王闽欢

码放整齐的大件快递，上面写着手机号后两位数字，寻得后签收即可，杂乱的小件物品未经标号，堆作一团。"双十一"也融入了缤纷的大学生活。

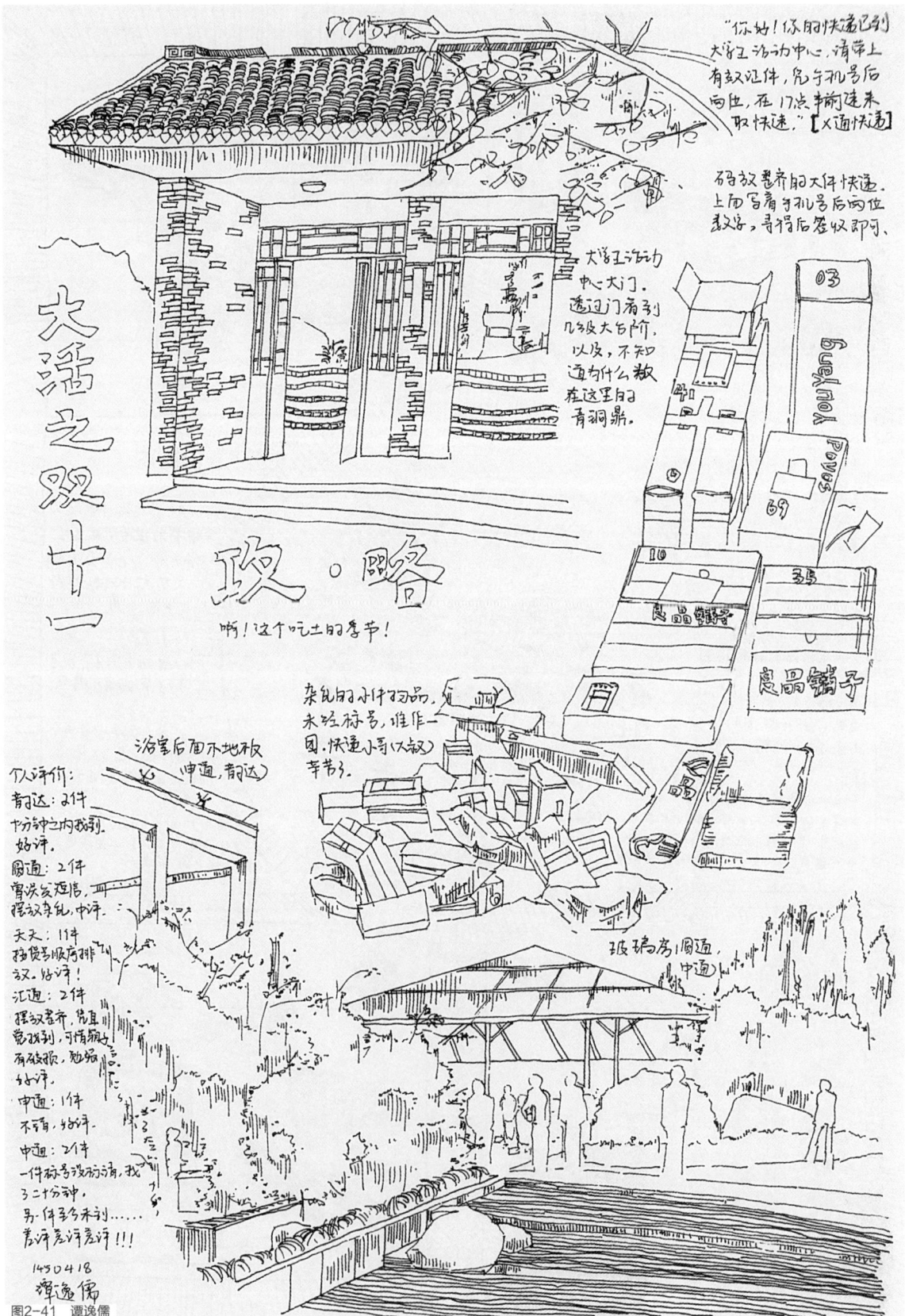

图2-41 谭逸儒

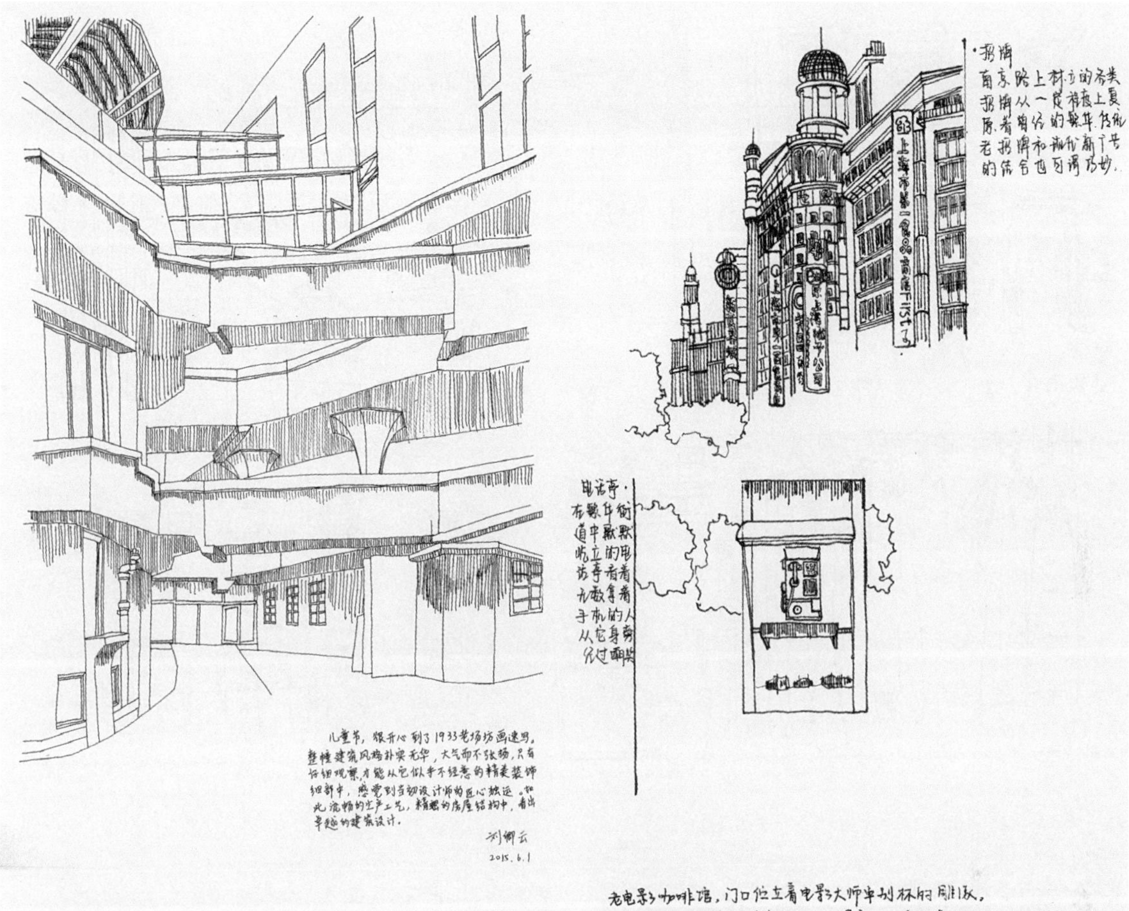

上海的1933老场坊、多伦路文化名人街,以旧容新貌贯穿过去与未来,诉说着上海滩种种动人的传说;南京路的人流如织、鳞次栉比,见证了上海的绮丽繁华。

图2-42 刘卿云、姚瑶、谭逸儒

建院女生的宿舍一样堆满着材料与废弃模型，满是刀痕的桌面，晦涩难懂的高数、建构建筑；当然也少不了有趣的作家们以及充满想象力的建筑大师们……这就是我们的大学生活。

M50品牌的源头是莫干山路50号，由原上海春明粗纺厂，现M50文化创意发展有限公司转型改造而发展起来的以当代艺术和现代设计为主题定为的创意园区，是一个以"艺术、创意、生活"为品牌的上海新地标。

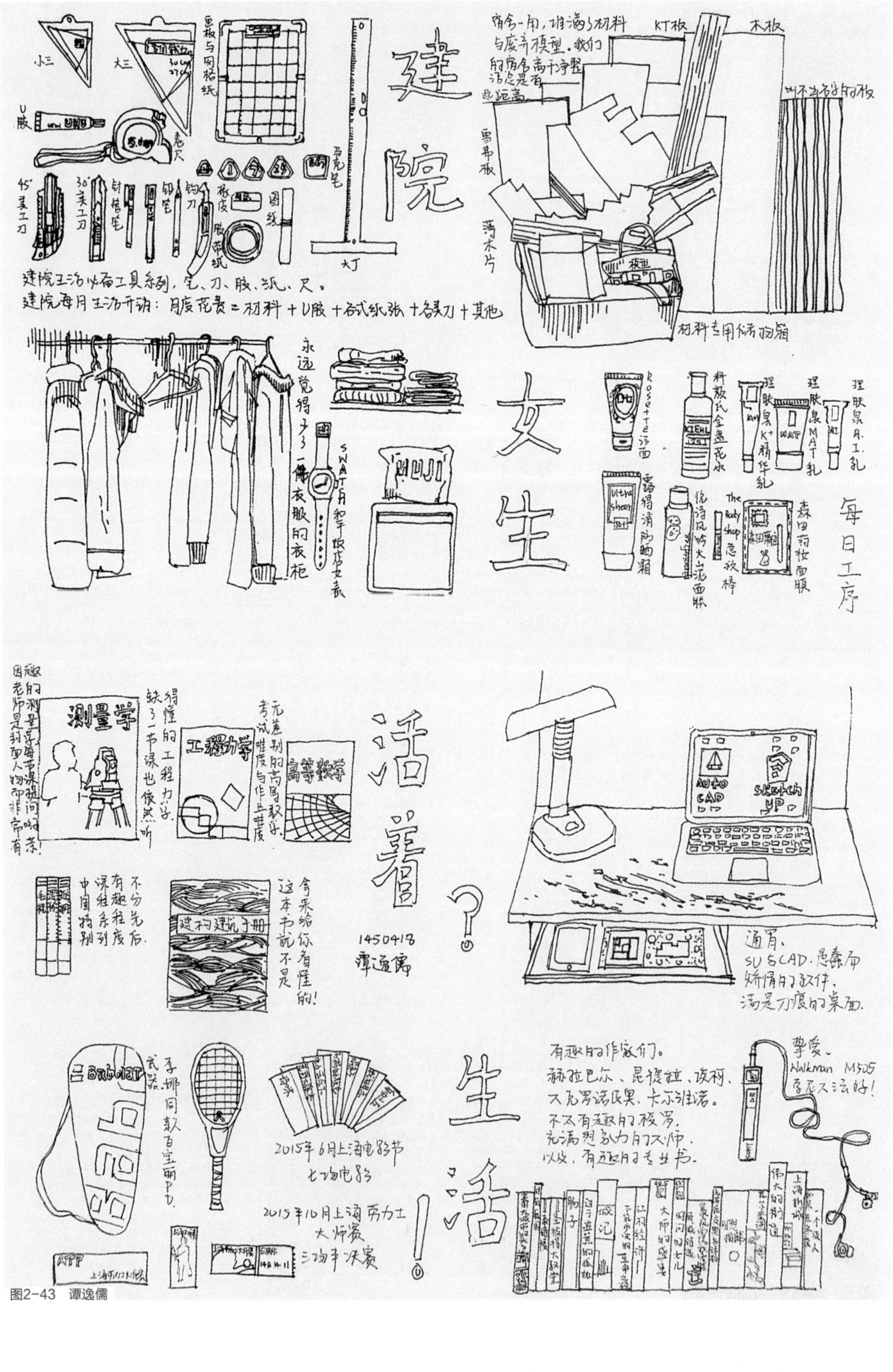

图2-43 谭逸儒

三

古民居建筑、水乡古镇

视觉笔记表现赏析

皖南、婺源古村落重重叠叠的马头墙，白墙灰瓦的民居，古风犹存。这些老房子，多为明清时期徽派建筑的代表作。其中有许多雕刻精美的砖雕、木雕、石雕，其手工之精细、设计之精巧，令人叹为观止。

北方山村就地取材，依山而建，曲折盘绕的石阶贯穿着一个个族群村落。村落里大多同姓，村民的质朴、敦厚与这里斑驳的石块、粗犷残垣似乎很契合；江南古镇人文、历史久远，物阜民康、经济发达，商业文化的侵袭更加明显，酒吧、小商铺鳞次栉比……

如今这些地方大多都有美术实习写生基地，交通、食宿极为方便，安全也能够得到保障，一年四季都能吸引众多游客以及建筑、美术院校师生来此写生、摄影、实习。作为实习期间的学生，与当地的村俗民风保持理解、互为尊重的心态也不可少，注意自身安全、健康，做到不仅在绘画技巧上得到进步，生活历练方面也有所收获。

数年来常带学生到这些地方实习、写生、体验生活，理解古建筑、绘画技法的训练等，这些或许是实习教学的目的。看到学生的话与画，体验学习生活的苦与乐，对建筑的认识与解读，多元丰富的着眼点……对于下次的实习或许更加期待。

（一）门窗、门锁

建筑物写生多是从门窗画起，构图较为简单，也不必考虑透视关系，只需沉下心来，安安静静地画下去。"视觉笔记"的好处便是重温一下课堂里学习的古建筑知识，理论的学习与实景一一对应，更有许多书本

安徽屏山

门

屏山古村的大部分门是木材料。花又有各种各样，有的是花，有的是动物或者是单的值线。

图3-1 李玄周

李法周

上见不到的内容，形象更清晰，记忆更深刻，知识点更为丰富。

门，屏山古村的大部分"门"是木材料，花纹有各种各样，有的是花，有的是动物或者是呈方格的直线。

点评：作为留学生，美术基础较弱，能够顶着酷暑画上两三个小时，已算得上勤奋刻苦。线条板了一些，肌理的刻画倒也细致入微、耐看。

查济 漏窗

■ 主办：韦寒雪

■ 11级规划3班 1150387

【漏窗分类 (按制作材料)】

■ 砖瓦搭砌漏窗：传统做法，望砖作为边框，顶部设过梁。

■ 砖细漏窗：由砖细构件构成，节点传统上以油灰为黏结物。

■ 堆塑漏窗：以纸筋灰浆为主。

■ 钢网水泥砂浆镶粉漏窗：当前常用，以钢丝网、钢筋水泥做为主要骨架……

查济豆腐坊中庭的两种漏窗，木制，离地面较高，起到了为房屋采光、通风的作用。

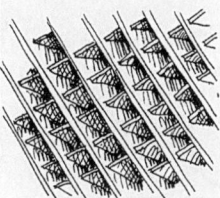

■ 细节

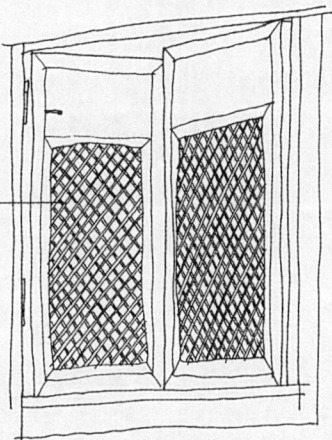

■ 豆腐坊中庭东侧漏窗

■ "徽乡浓"饭店院墙处漏窗

漏窗观景

从漏窗观景，景物透过窗心花格时，滤掉了细节，变得含混朦胧，如同电视摄像中的马赛克效果。于是，日常看熟了的风景，在这种蒙太奇式的切割与组合中，不断衍生于出陌生的全新意境。把阳光月雾筛作一地的碎金乱银，明暗交织，虚实结合，如诗如梦，捕光捉影，妙不可言！

【百科名片】漏窗，俗称花墙头、花墙洞、漏花窗、花窗，是一种满格的装饰性透空窗，外观为不封闭的空窗，窗洞内装饰着各种漏空图案，透过漏窗可隐约看到窗外景物。为了便于观看窗外景色，漏窗高度多与人眼视线相平，下框离地面一般约为1.3米左右。也有专为采光、通风和装饰用的漏窗，离地面较高。漏窗全用直线的有：万字、定胜、六角景、菱花、书条、绦环、橄榄、套方、冰裂等。全用弧线的有：鱼鳞、钱纹、球纹、秋叶、海棠、葵花、如意、波纹等。

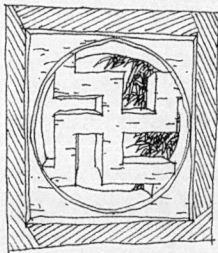

■ 桃花潭处"万"字型漏窗

■ 豆腐坊中庭北侧漏窗

漏窗俗称花墙头、花墙洞、漏花窗、花窗。从漏窗观景，景物透过窗心花格时滤掉了细节，变得含混朦胧，如同电视摄像中的马赛克效果。于是，日常看熟了的风景，在这种蒙太奇式的切割与组合中，不断衍生出陌生的复合意象，给人以意想不到的全新意象，把阳光月雾筛作一地的碎金乱银，明暗交织，虚实结合，如诗如梦，捕光捉影，妙不可言！

点评： 画面左、上部分，以徽州常见的冰裂纹门窗结构作装饰，似有"十年寒窗"苦读的意味，避免了呆板、单调。

图3-2 韦寒雪

仔边是隔扇门的边框中最内层围边，它的外边由框和抹头组成的外框。棂子简称"棂"，指的是诸如隔扇隔心、栏杆、窗户等主体部分的棂格。

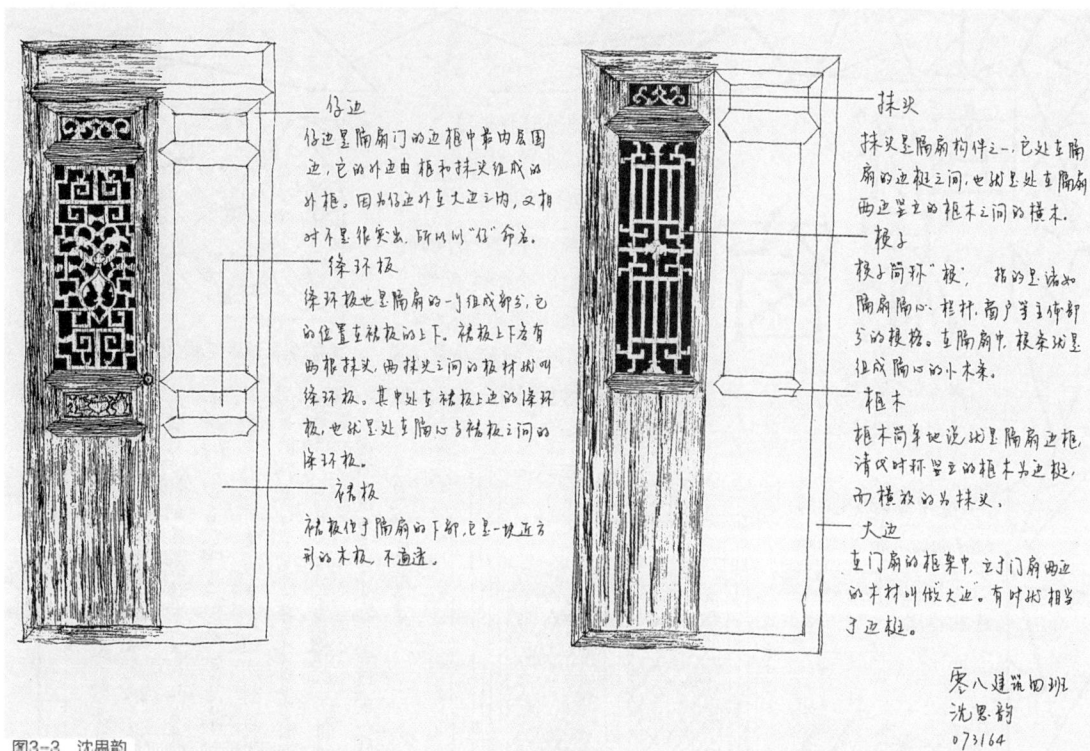

仔边

仔边是隔扇门的边框中最内层围边，它的外边由框和抹头组成的外框。因为仔边外至大边以内，又相对于里作窄处，所以以"仔"命名。

绦环板

绦环板也是隔扇的一个组成部分，它的位置在裙板的上下。裙板上下各有两根抹头，两抹头之间的板材叫绦环板。其中处在裙板上边的绦环板，也就是在隔心与裙板之间的绦环板。

裙板

裙板位于隔扇的下部，它是一块近方形的木板，不通透。

抹头

抹头是隔扇构件之一，它处在隔扇的边梃之间，也就是在隔扇两边竖立的框木之间的横木。

棂子

棂子简称"棂"，指的是诸如隔扇隔心、栏杆、窗户等主体部分的棂格。在隔扇中，棂条也是组成隔心的小木条。

框木

框木简单地说就是隔扇边框，清代时称竖立的框木为边梃，而横放的为抹头。

大边

在门扇的框架中，立于门扇两边的木材叫做大边。有时也称为边梃。

零八建筑四班
沈思韵
073164

隔扇是一种较为普遍的框架，同时它也是一种可移动的建筑木构件之一，隔扇的两边立有边框，边框之间横放抹头，其将整个隔扇分为上、中、下三段，上为隔心，中为绦环板，下为裙板。

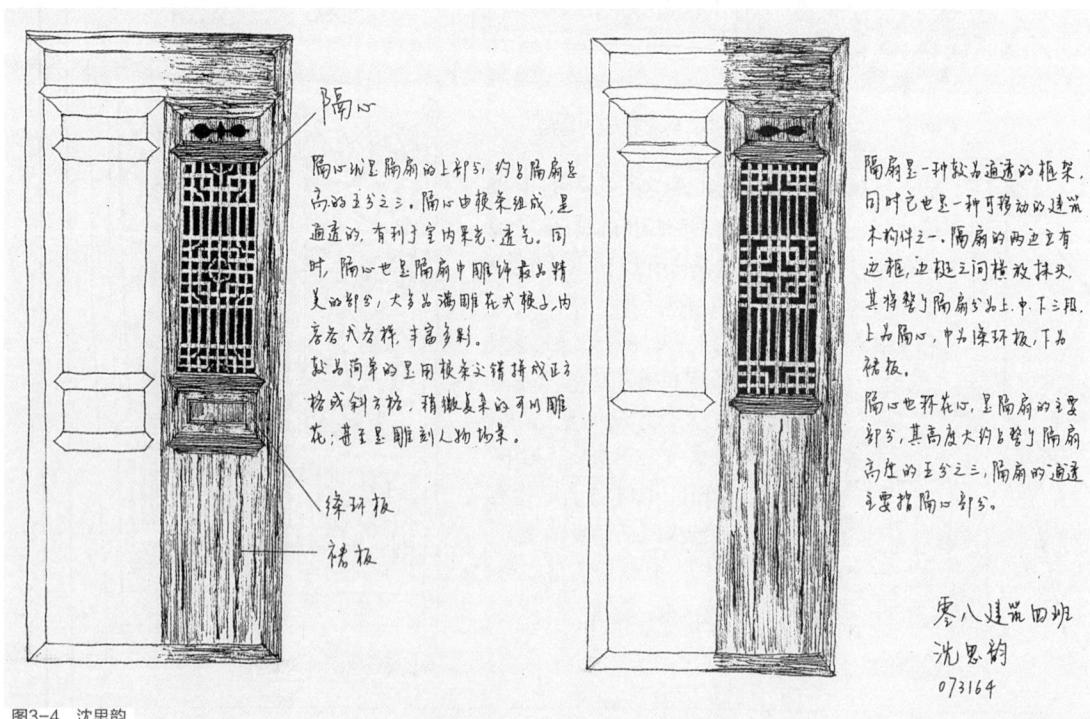

隔心

隔心也就是隔扇的上部分，约占隔扇总高的三分之二。隔心由棂条组成，是通透的，有利于室内采光、透气。同时，隔心也是隔扇中雕饰最精美的部分，大多是满雕花式棂子，内容各式各样，丰富多彩。款式简单的是用棂条交错拼成正格或斜方格，精细复杂的可以雕花，甚至是雕刻到人物故事。

绦环板

裙板

隔扇是一种较普遍的框架，同时它也是一种可移动的建筑木构件之一。隔扇的两边立有边框，边梃之间横放抹头，其将整个隔扇分为上、中、下三段。上为隔心，中为绦环板，下为裙板。隔心也装饰花纹，是隔扇的主要部分，其高度大约占整个隔扇高度的三分之二，隔扇的通透主要指隔心部分。

零八建筑四班
沈思韵
073164

（图3-3、图3-4）**点评：** 因其门窗的左右对称，一部分详细刻画，另一部分只画门框结构，清晰、简练，文字描述也专业。

查济古建筑之

窗

方思婷
指导老师：刘梓
2014.7.

窗子的形式非常多样，主要有槛窗、直棂窗、支摘窗、洞窗、漏窗等。窗的色彩，有江南水乡的清新淡雅，即在窗户表面上油漆或仅涂透明桐油；有宫殿、寺庙等大型殿堂的浓墨重彩，即用多色彩的重彩油漆作装饰。

右图此木窗是田林槛窗嵌着吉祥窗棂，人物场景与梅花鹿吉祥图案的木雕。原本是查济民居的四页槛窗，右图了仅画两页。

图3-5 方思婷

窗子的形式非常多样，主要有槛窗、直棂窗、支摘窗、洞窗、漏窗等。窗的色彩，有江南水乡的清新淡雅，即在窗户表面上油漆或仅涂透明桐油；有宫殿、寺庙等大型殿堂，即用浓墨重彩作装饰。

查济的窗 查济视觉笔记

——一级城市规划三班 孙潇

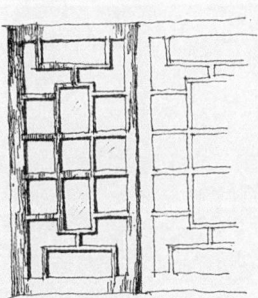

"十里查村九里烟，三溪汇流石户间，祠庙亭台塔影下，小桥流水杏花天。"这是明朝时，村人查绛所描绘的查济村情景。

明清建筑群就坐落在流水潺潺的查济河两岸，绵延10里，现存有明代建筑80处，清代建筑109处，几乎所有的明清建筑都雕梁画栋。祠南门楼，其中绿公厅房、诵清堂、宝月堂等住宅更显高大宏伟，结构精致。

石查济素有"奇葩三雕，交相辉映"之说。三雕就是用在居建筑上的木雕、砖雕和石雕。在查济的民居、祠堂、牌坊、桥梁墓室等建筑上，处处散落着三雕的身影，或优雅，或雄浑，或繁复，姿态各异，美轮美奂。从这里，我们可以看到人对生活物件的讲究，建造日的的美好精神、一种对美好生活的追逐。

查济门窗扇格的木雕，万堂柱础上的石雕，门楣门罩的砖雕，均刻到精镂，玲珑剔透，画面或者成花鸟或禽兽，或人物，无一不栩栩如生。居民结构为建式，或进或四进，进河有"四水到堂式的天井。

图3-6 孙潇

在查济，素有"奇葩三雕，交相辉映"之说。三雕就是用在建筑上的木雕、砖雕和石雕。在查济的民居、祠堂、牌坊、桥梁、墓室等建筑上，处处散落着三雕的身影，或优雅，或雄浑，或繁复，姿态各异，美轮美奂。

（图3-5、图3-6）**点评**：流畅笔法显示出较好的美术基础，画面生动，局部装饰描绘细腻。

婺源
门窗

10城规三班
徐忠义

江西婺源的门窗样式多样，
有简洁的，也有复杂的。比如左边的窗
都是由长方形组成，虽是如此，
但规律中又蓄有变化。

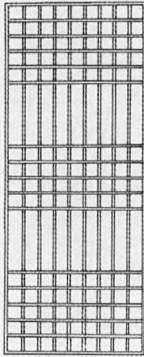

而右边的的窗则更是简单，
不过方方正正的，也给人不一
样的感觉。

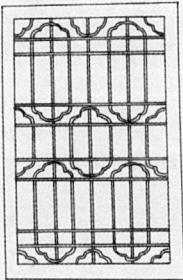

左边的窗不一样了，添加了
曲线，与上面形成两种不同
的风格，相同的是都有规律，
不同的是左边的更有韵味，更
加漂亮。

左边的窗是由瓦片组成，形成
如右的圆形菱花拼形，是古代比较
常用的制窗方式。

而右边的窗是盒窗，整扇窗是
由一块大石板镂刻而成，虽
有开洞，但白却为一墙墙，实为盒
窗。

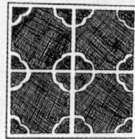

左下为的窗是由青石所制，
雕刻精美，青石板较厚，给人一
种厚重之感，且由青石雕刻的窗
比较特别，故而我不常见过。

左边的窗是在一块巨大厚重
的镂刻出一样的体块，比较
单一，格式普通。

下图墙上镂刻出花瓶与竹子
的样子，寓意为平平安安，大红大紫。

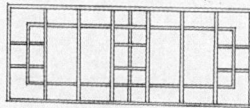

上方的窗框为一普通人家所有，
虽很普通，但也不失对称美。

婺源中也有一些比较古朴的门，比如
上图，采用了中国传统的门栓，木与本土同
色，均由榫卯结构组成。

上图的更为古朴，中间的大圆
很有传统气息，而两个铜制门
环则更有中国风味。

右边的是复杂精致的多，一些
雕刻细乎过于复杂，没有细画，不
过我们仍可看出此门的精致，是
官宦家中的，非一般人家能脱拥有。

左图的窗虽然也是由相同的体块组成，但
与左上为的比起来相对繁琐些，也更加美
观一些。

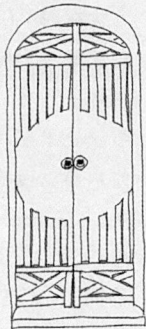

图3-7 徐忠义

　　江西婺源的门窗样式多样，有简洁的，也有复杂的。比如，左边的窗都是由长方形组成的，虽是如此，
规律中又富有变化。右边的就不一样了，添加了曲线，与上面形成两种不同的风格。

护净，遮挡视线的作用，那时候女子一般无法出门，家中有客来访时也只能待在自己的房间，想知道有谁来只能通过窗，这种有"护净"的窗一般用于女子房间，来人无法看入房内，屋子里的女子却可以顺利看到进来的人。

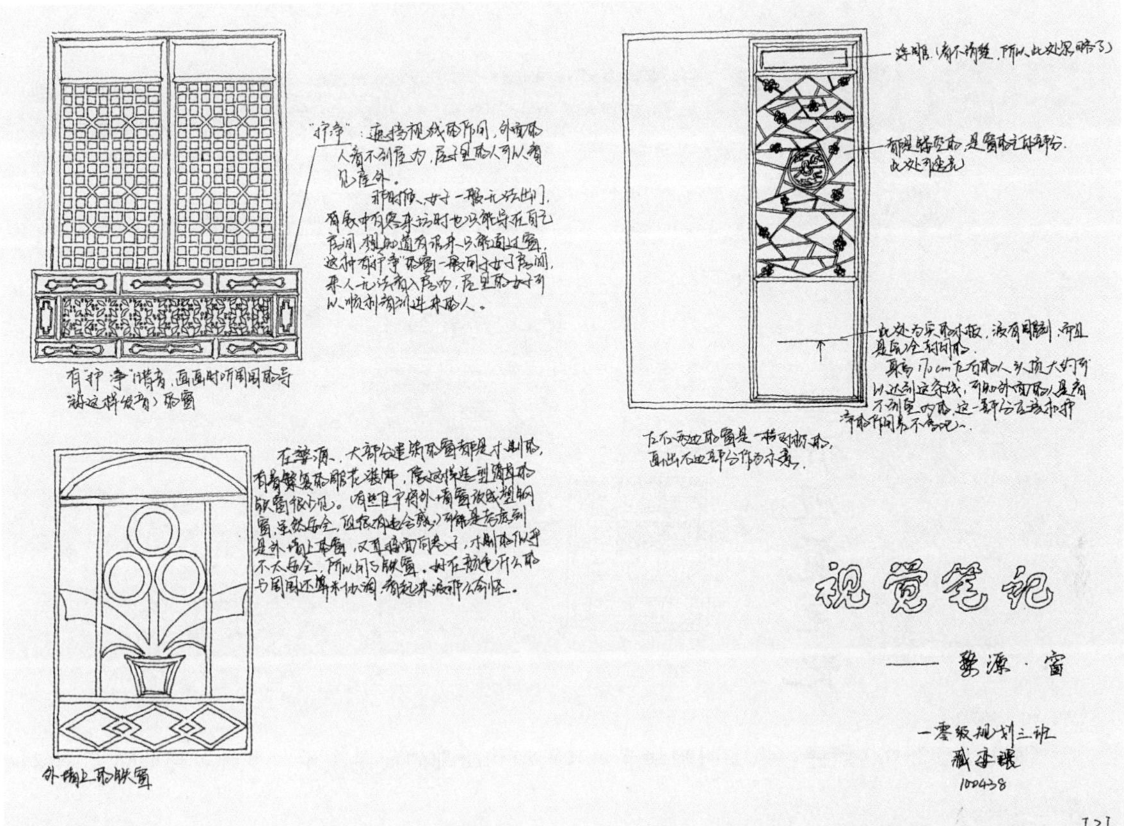

图3-8　藏孪譲

细碎的窗格代表满地金银，有富贵之意，莲花门上的复杂窗格，窗上的植物装饰代表丰收和幸福。

窗的总结之内外窗

细碎的窗格代表满地金银，有富贵之意。

莲花门上的复杂窗格窗上的植物装饰代表丰收和幸福。中间为道家故事。

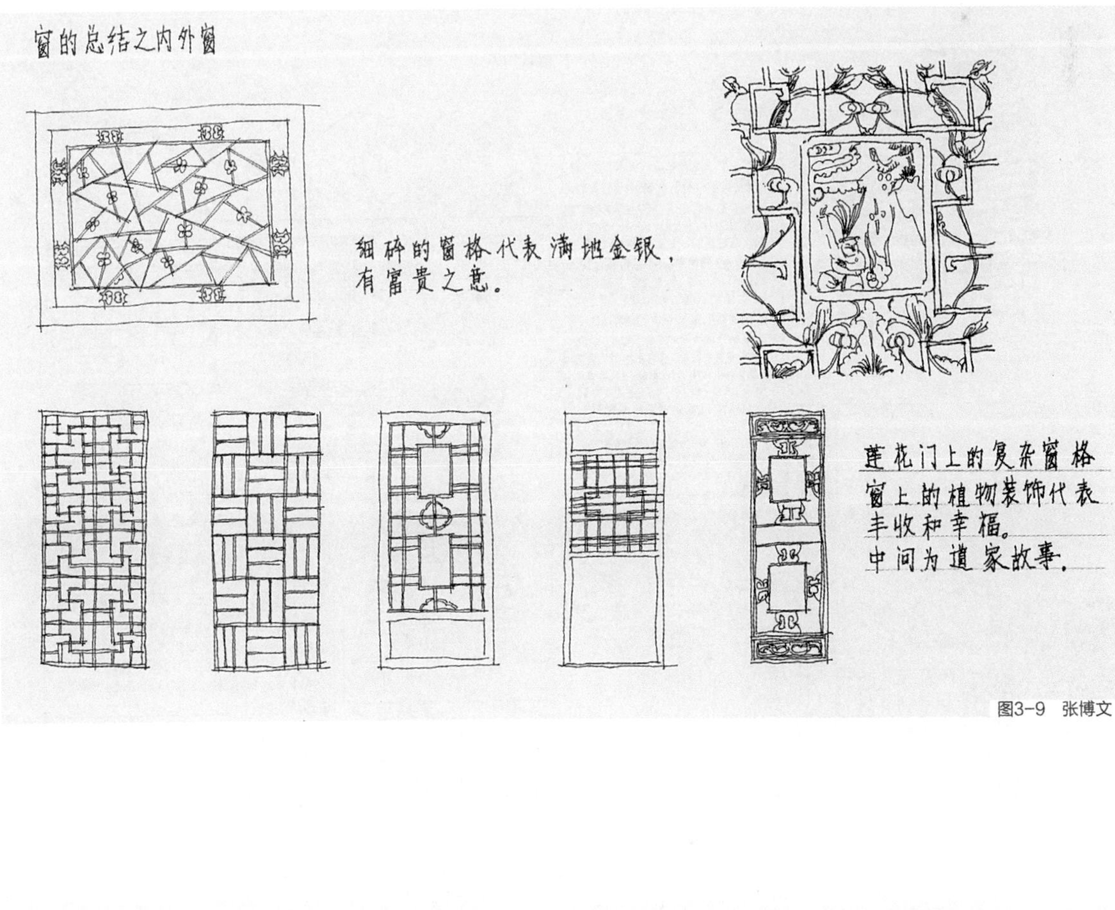

图3-9　张博文

徽派建筑中的雕刻一般刻于梁柱和门窗上，往往其木刻木雕都生动活泼并赋予吉祥的含义。简约在现代家居设计里面也往往会加入一些这样的元素，以体现中国风。

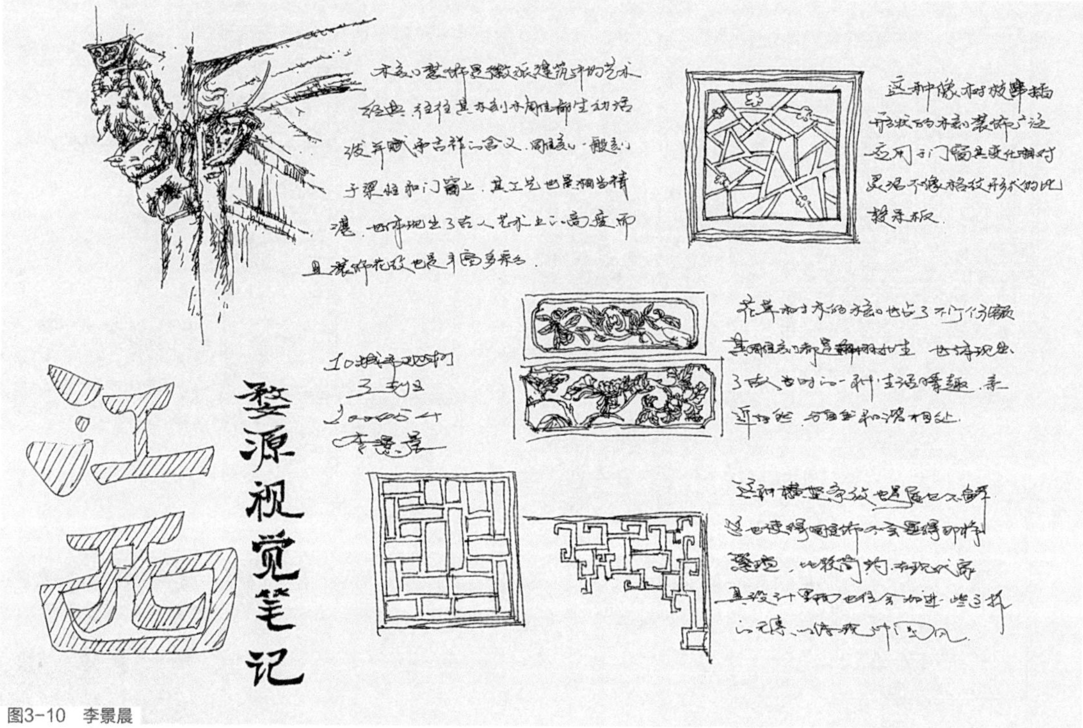

图3-10 李景晨

（图3-7~图3-10）**点评：** 撇去明暗细节，只是结构轮廓的简单图示，多种多样的门窗介绍也算是用心。

山村民居中的窗形状各异、材料多样，没有规范的限制，没有设计师的图纸，大小不一，高低不同，集装饰性实用性于一身，为民居点出不凡的精彩。好像房子的眼睛，眨巴眨巴地看着我们，我们也通过它看懂这古朴的房子。

图3-11 姚瑶

点评： 这幅画似乎有点"萌"，紧张的学习氛围也有轻松一刻，画面的安排也很有趣。

婺源视觉笔记——窗

一室规三. 张伊莎 100427

格窗

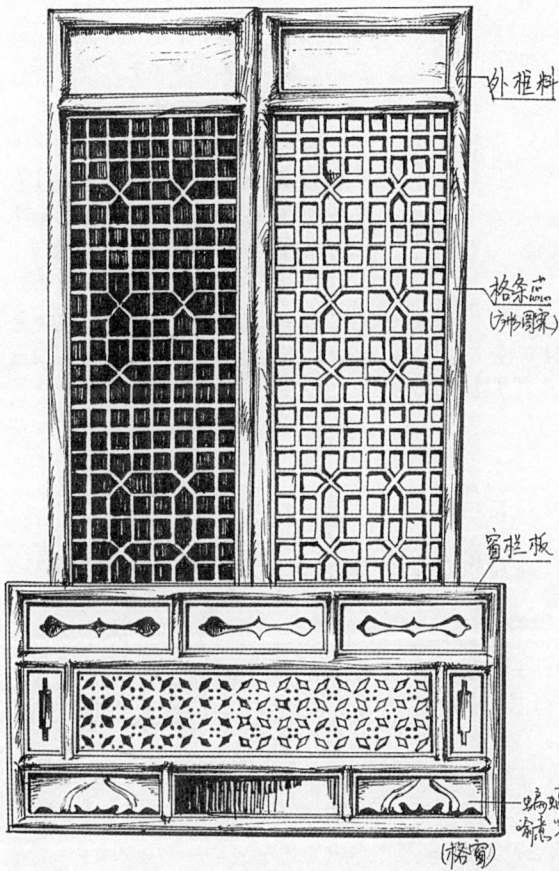

徽派建筑格式于徽州民居沿天井一周回廊随,采光、通风、防尘、保温、分割室内外空间等作用。格窗由外框料、条环板、裙板、格蕊条组成,主要形式有方形(万格、方胜、斜纹、席纹等)、圆形(圆镜、月牙、古钱、扇面等)、字形(十字、亚字、田字、工字等)、什锦(花草、动物、器物、图腾等)。格窗图案多采用暗喻和谐音的方式表现吉祥的寓意,如"平安如意"用花瓶与如意图案组成谐音表示;"福禄寿"用蝙蝠、鹿、桃表示,"四季平安"是花瓶插上月季花;"五谷丰登"用合穗、蜜蜂、灯笼组合等。格窗还采用蒙纱绸绢、糊彩纸、编竹帘等方法,增加室内透光。

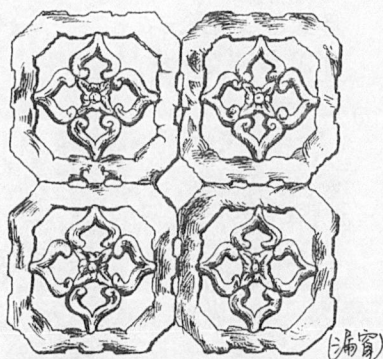

外框料

格条蕊(方形图案)

窗栏板

蝙蝠和桃的图案,喻意"福""寿"

(格窗)

漏窗

漏窗是一种满格的装饰性透窗,俗称为花墙头、花墙洞、花窗。计成在《园冶》一书中把它称为"漏砖墙"或"漏明墙",只有观脉处被断,似透非隐内之义。漏窗位置的布置非常讲究,平面构图其大小比例适中,使得墙面上左右疏密适当,上下虚实比例符合视觉审美。同时还要借合院内的景物,以达到借景和框景的功能。

花瓶图案表示"平安"

(漏窗)

漏窗本身的花纹图样也是一件绝佳的艺术品,如果背后为暗面,则漏窗便有剪影的效果。从外看,整个厚重的白粉墙面上只能看到由于漏窗凹面而形成的浓重的阴影,强烈的阴影在墙面上表现成一个竖向的"点"。

(漏窗)

漏窗本身的花纹图样也是一件绝佳的艺术品,如果背后为暗面,则漏窗便具有剪影的效果。从外看,整个厚重的白粉墙面上只能看到由于漏窗凹进而形成的浓重的阴影,强烈的阴影在墙面上表现成一个竖向的"点"。

图3-12 张伊莎

门环，古时又称"铺首"。而准确地说，铺首只是门环底座儿，铺首衔环才是一个完整的门环。门环，是用来开关大门和叩门的，为一种实用物件。据史料记载，至少在汉代，中国已经使用铺首，铺首材料多样，有铁、青铜等，普通人家多用熟铁，多为圆形六角形，富有人家的铺首尺寸会更大更气派。

门环—敲门的艺术

门环，古时又称"铺首"。而准确地说，铺首只是门环底座而铺首衔环才是一个完整的门环。门环，是用来开关大门和叩门的，为一种实用物件。

据史料记载，至少在汉代，中国已使用铺首。古代统治阶级对民居门环有很明确的等级规定。故铺首材料多样，有铁、青铜、黄铜等，普通人家多用熟铁，多为圆形六角形，王子王孙，达官显贵的铺首尺寸会更大，更气派而等王家的门环打造，更是登峰造极。

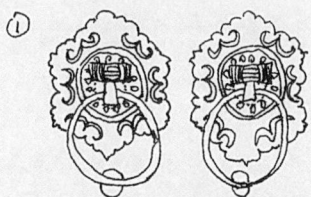

① 宝公祠正门门环呈六角形，上有镂空雕花

兽头门环，宝公祠侧门

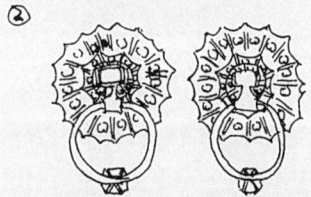

② 德公厅屋正门门环
德公厅屋简介：
为纪念中兴七世祖永德公而建，四柱三楼牌坊式门楼。元代建筑。

③ 锡公厅屋正门门环
锡公厅屋为一支祠，坐西朝东，为纪念中兴七世祖查永锡而建。

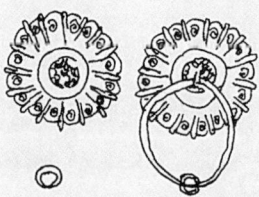

锡公厅屋侧门门环，因年久失修，有一只只剩下铺首部分。

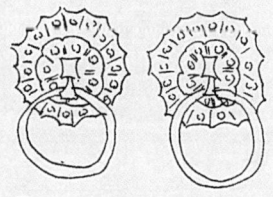
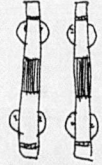
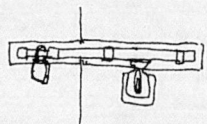

来自普通民居

④ 二甲祠正门门环。
二甲祠简介：
又名"光裕堂"建于明末清初，为纪念中兴六世祖查析宝而建。

来自不知贫富贵人家
狮头铺首

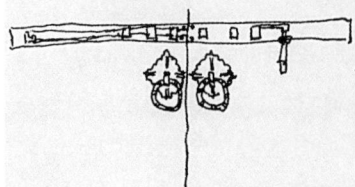

二甲祠内厅前门门环民门锁

二甲祠侧门门环

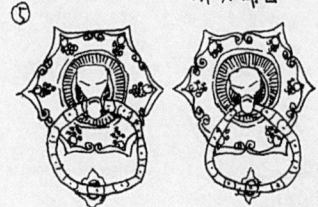

⑤ 诵清堂正门门环，建于清道光年

点评：门环的多样搜集、洗练生动的描绘，文字记录翔实，是一幅好作业。

图3-13 薛皓颖

（二）梁柱斗拱及石雕、砖雕、木雕

暑期，徽州地区的气候变幻无常，有时酷暑难耐，有时又暴雨倾盆，这时候我们常常躲避在祠堂里画画。那些美轮美奂的徽州三雕，结构精巧的梁柱斗拱给人印象深刻。

安徽 查济
宝公祠. 建于明朝
该祠的木雕享有极高
好评. 我被它木雕的
细腻所迷倒. 画了进大
门后向上看的一处.

建于明朝的安徽查济宝公祠，其木雕享有极高好评，我被它木雕的细腻所迷倒，画了进大门后向上看的一处。

点评：梁柱斗拱的形体机构复杂，构图较难把握，细致的描绘也不可少。这幅画还是比较成功的，表现细腻、笔法轻松，前面石鼓的"虚"与雀替、梁柱的"实"形成对比，画面生动而又耐看。

图3-14　陈敏思

陈敏思
2014. 7. 15

徽州古民居房屋结构中的组成部分，一般为单进或多进房屋中前后正中间，两边为厢房包围，宽与正间同，进深与厢房等长，地面用青砖嵌铺的空地，状如深井，故名"天井"，有通风亮光的作用，不同于院子。

天井
——查济村写生视觉笔记

查济村位于安徽泾县，是查村，济阳两个村子的合称。查济村民，十之八九为查姓人氏。村落四周青山环抱，绿树成荫，三溪穿村而过，石板铺砌的巷道纵横迂回。查济村保留了大量明清建筑。

天井，是四面有房屋、三面有房屋另一面有围墙或两面有房屋另两面有围墙时中间的空地。南方房屋结构中的组成部分，一般为单进或多进房屋中前后正间中，两边为厢房包围，宽与正间同，进深与厢房等长，地面用青砖嵌铺的空地，因面积较小，光线为高屋围堵显得较暗，状如深井，故名。不同于院子。

图3-15 贾宜如

从小在北方长大的我，天井并不常见。对我来说，天井像建筑的眼睛，把大自然引入建筑内部，赋予建筑灵性和生气。

从天井望祠堂的书院

对于从小在北方长大的我，天井并不常见。对我来说，天井像建筑的眼睛，把大自然引入建筑内部，赋予建筑灵性和生气。

天井一角

屋檐排水设施

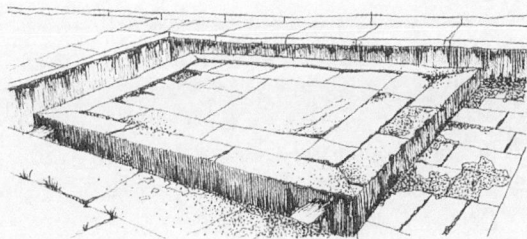

天井地面

梁上的"挂钩"

（图3-15、图3-16）点评：作者对"天井"较为关注，刻画深入，祠堂内整体概貌与局部构件的表现也较充分、有看点。

指导教师　刘辉　　　城市规划三班　贾宜如

图3-16　贾宜如

天井
——查济村写生视觉笔记 二

视觉笔记 VISION NOTES

2011年7月婺源写生视觉笔记 I

竹木肌

同济大学10城规三班 杨倩雯 100440 2011年9月14日

图3-17 杨倩雯

在乡村生活总会有很多让人惊叹自然奇妙的时刻。木头上动人、独一无二的肌理，和木头上长出的真菌都会激起人绘画的欲望。"吱"的一声，木门开了，它的质地如此朴素，声音如此亲切，让人享受着每一次推门与关门。

徽州石雕主要是动植物形象、博古纹样和书法，至于山水较为少见，徽州石雕在雕刻风格上，浮雕以浅层透雕与平面雕为主，圆雕整合趋势明显，刀法融精致古朴大方。

徽派石雕

石雕是传统"徽州四雕"之一，在徽州城乡分布很广，类别亦多，主要用于寺宅的廊柱、门墙、牌坊、民居住宅等处的装饰，属浮雕与圆雕艺术，享誉甚高。

徽州石雕主要是动植物形象、博古纹样和书法，至于山水较为少见，徽州石雕在雕刻风格上，浮雕以浅层透雕与平面雕为主，圆雕整合趋势明显，刀法融精致古朴大方。

徽州石雕取材来源于青黑色的黟县青石，褐色的茶园石，色泽有别，中间那幅图案，梅花和竹子从嶙峋怪石上斜向伸出，造型刚劲，弯竹顶劲风，古梅枝婆娑，造型婀娜多姿，再加上一只喜鹊，整个画面显得栩栩如生，宛如一幅清新隽永的深山野趣图。

通过雕刻装饰，把审美的情感体验与道德伦理融合在一起，徽派石雕是明清之际徽州雕刻艺术发展史上的黄金时代，徽派石雕无不给后人留下珍贵的艺术瑰宝。

蒲云慧
08环艺-4
08B05050419

图3-18 蒲云慧

查济 视觉笔记之山墙

山墙——沿建筑物短轴方向布置的墙叫横墙，建筑物两端的横向外墙一般称为山墙，俗称外横墙。古代建筑一般都有山墙，它的主要作用是分隔与防火。

山墙有三种形制，民间多采用人字形，比较简洁实用，修造成本也不高。

山墙分为内山墙、外山墙与排山墙。内山墙是指房间与房间之间的墙，它一般与前后墙成丁字形。

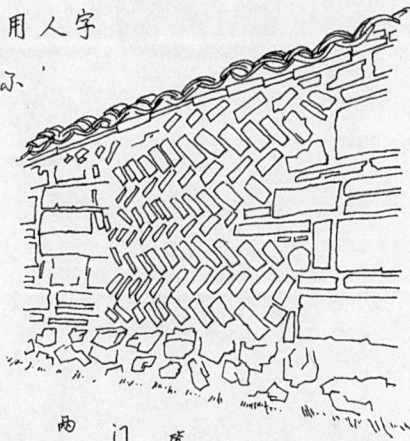

外山墙是指在外面能看到的墙，但前后墙不算。如：房屋门朝南，则东西两面墙为外山墙。

山墙之间距离较短，比较适合作为承重墙（相对于纵墙）。

查济古民居中的山墙丰富多样，经概括归纳为如图七种。

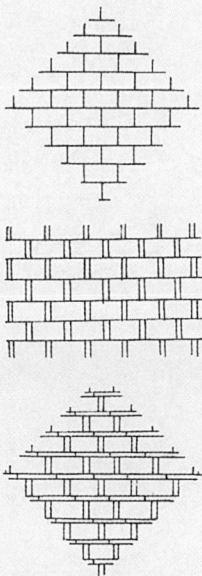

一规三 岳秋凝 1150385

图3-19 岳秋凝

山墙——沿建筑物短轴方向布置的墙叫横墙，建筑物两端的横向外墙一般称为山墙，俗称外横墙。民间多采用人字形的山墙，比较简洁实用，修造成本也不高。

（图3-17～图3-19）**点评**：对于肌理的表达是建筑专业学生较为感兴趣的，岁月留下的木质纹理、石砖雕的质朴、山墙裸露的砖石，吸引同学们的或许是材料的关注、结构的有序排列，也或许仅仅是纹理、图形的记录，不管怎样画出来就行。

墨子曰山云蒸，柱础润。宋营造法式所载，柱础其名有六，一曰础、二曰礩、三曰舄、四曰踬、五曰碱、六曰磉，今谓之石碇。

宋营造法式曰，其所造花纹制度有十一品，明清时多繁缛与程式化，少些气势及精神。

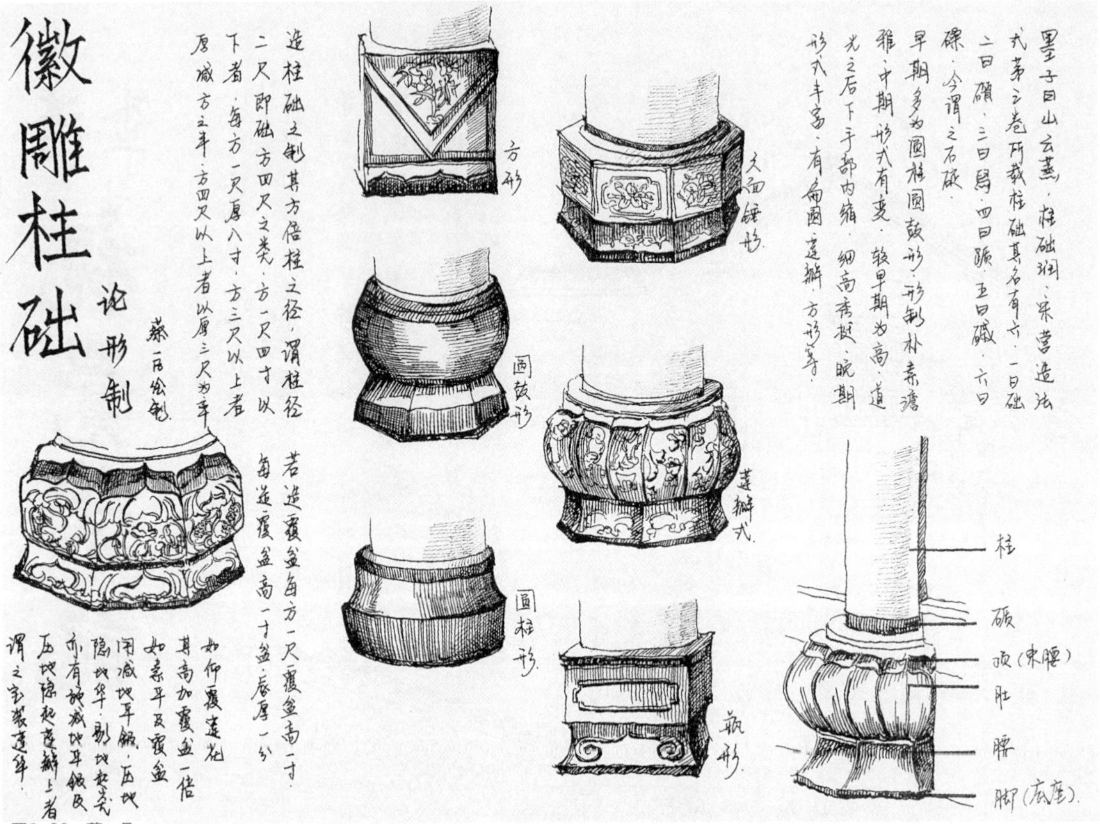

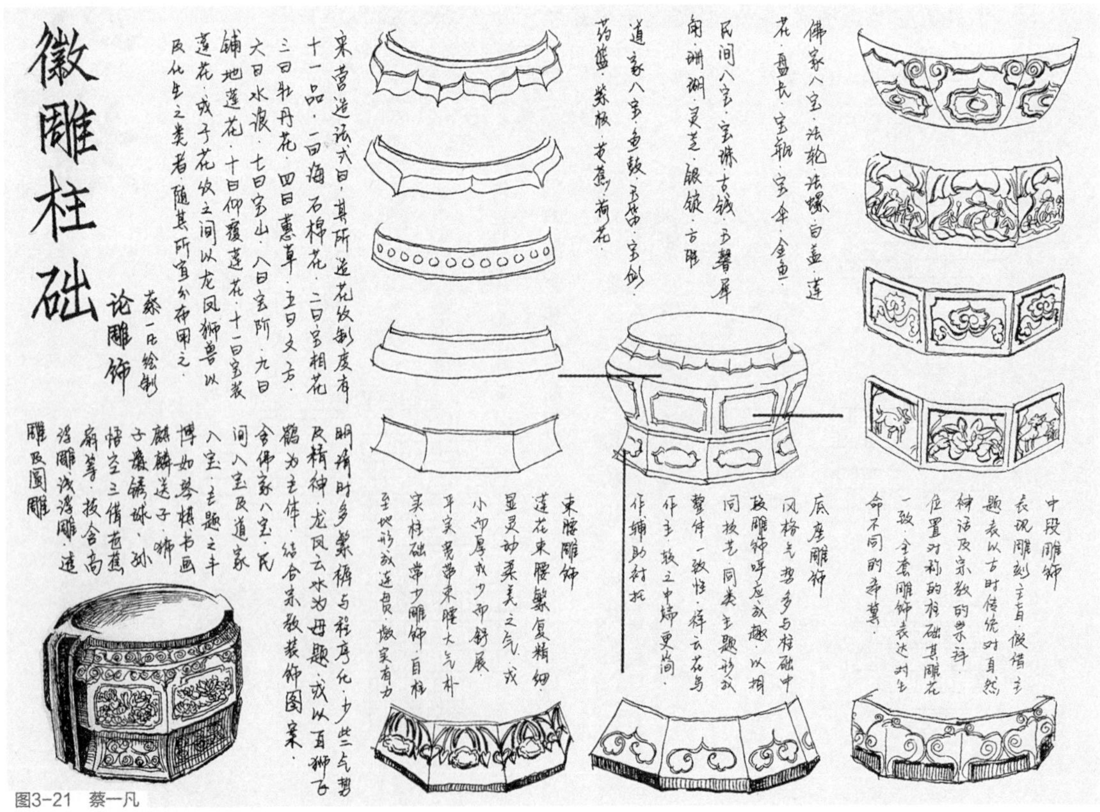

徽雕柱础

论形制

蔡一凡绘制

方形
八角锥形
圆鼓形
圆柱形
瓶形
莲瓣式

柱
础
颈（束腰）
肚
腰脚（底座）

图3-20　蔡一凡

徽雕柱础

论雕饰

蔡一凡绘制

束腰雕饰
底座雕饰
作铺助衬托
中段雕饰

图3-21　蔡一凡

视觉笔记

——查济村柱础实录

柱础是古代建筑构件的一种，俗称磉盘，是承受屋柱压力的基石，凡木结构房屋，可谓柱柱皆有。古人为使落地屋柱不致潮湿腐烂，在柱脚与地坪隔离处添上一块石墩，起到了绝对的防潮作用；同时又加强了柱基的承压力。

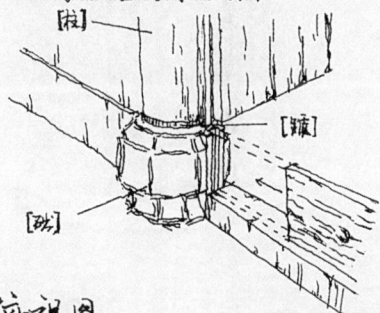

[柱]
[槟]
[础]

俯视图

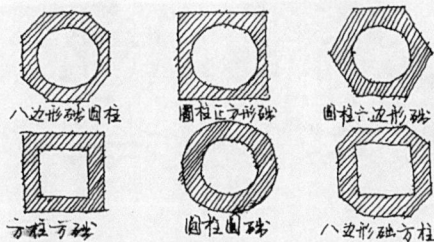

八边形础圆柱　圆柱正方形础　圆柱六边形础
方柱方础　圆柱圆础　八边形础方柱

部分正视图

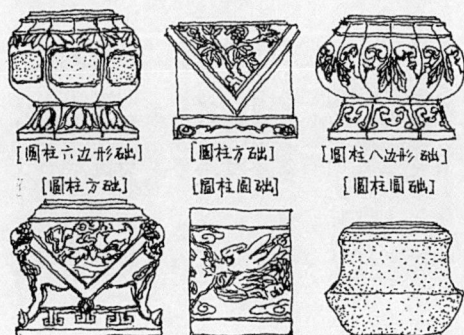

[圆柱六边形础]　[圆柱方础]　[圆柱八边形础]
[圆柱方础]　[圆柱圆础]　[圆柱圆础]

2012/08/30 城市规划三班 谢超

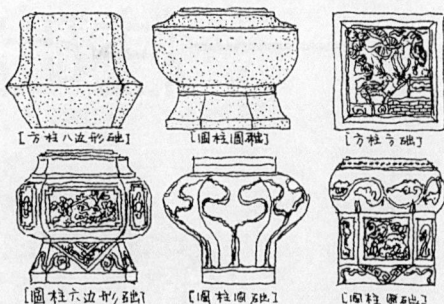

[方柱八边形础]　[圆柱圆础]　[方柱方础]
[圆柱六边形础]　[圆柱圆础]　[圆柱圆础]

由于柱础很接近人们的视线，往往成为艺术家施展技艺的好地方，于是便有了随朝代变化的多种形制和雕饰，成为我国石雕艺术的一大门类。通常有鼓形、瓜形、花瓶形、宫灯形、六锤形、须弥座形等多种样式。

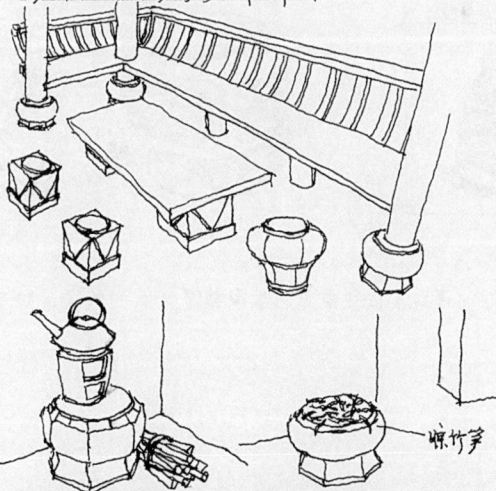

陈竹芳

查济是泾县一个具有明清风格的古村落，规模之大，堪称皖南第一。在查济，古坑店里、村民家门口、祠堂里等处处可见柱础的身影。在木构建筑越来越少的今天，"柱础"这一经典的建筑元素，承托着村民们的智慧以各种功能形式活在现今的查济。

柱础是古代建筑构件的一种，俗称磉盘，是承受屋柱压力的基石，凡木结构房屋，可谓柱柱皆有。古人为使落地屋柱不至潮湿腐烂，在柱脚与地坪隔离处添上一块石墩，起到了防潮作用；同时又加强了柱基的承压力。

图3-22 谢超

查济视觉笔记

——柱础

——规划三班　庞健

柱　础	
名称	《营造法式》记载：柱础，其名有六，一曰础，二曰颤，三曰碣，四曰礩，五曰碱，六曰磩，今谓之石碇。
功用	柱础功用其一是将柱身集中的荷载布于地上较大的面积，其二石柱杖可防潮且高出地面，可免柱脚腐蚀或碰损。由于柱础很接近人们的视度往往成为艺术家施展好手的地方。
历朝造型	先秦时期大多用卵石做柱础，秦代已有方达1.4米整石柱础，汉代柱础有类似覆盆式、反斗式，但形式极为简朴。六朝佛教大昌艺术，兴有人物狮兽样式的柱础，至宋代已对柱础形制有规定，唐代用莲瓣的覆盆柱础最为流行，到明清，柱础的制和雕饰更加繁，制作工艺高超，却多许多案牒程式化，少了些气势和精神。

图3-23　庞健

　　由于柱础很接近人们的视线，往往成为艺术家施展好手的地方，柱础形制和雕饰丰富，制作工艺高超。

　　（图3-20~图3-23）点评：柱础的表现具有针对性：一是其丰富的造型结构，或方或圆，六边形、八边形的等，另外就是其表面的雕刻装饰也因朝代的不同而变化，或简或繁，作为建筑专业我们当然不可忽略其功能。

石狮子是中国传统建筑中经常使用的一种装饰物，在中国的宫殿、寺庙、佛塔、桥梁、府邸、园林、陵墓以及印纽上都会看到。但是更多的时候，石狮是专门放在大门左右的两侧。

图3-24 孙可

视觉笔记之——查济石雕

11规划3班 彭艺 1150382

在查济，精美的石雕艺术随处可见，它们主要表现在祠堂、牌坊、塔、桥及民居的庭院、门楣、栏杆、水池、花台漏窗、照壁、柱础、抱鼓石、石狮上面。内容多为象征吉祥的龙凤、仙鹤、猛虎、雄狮、大象、麒麟、祥云、八宝、博古和山水风景、人物故事等，主要采用浮雕、透雕、圆雕等手法，质朴高雅、浑厚潇洒。

石狮

在古玩店中及民宅前，形态各异的石狮雕像随处可见。狮子与麒麟、四不象神兽一样，是家宅的守护神。这些威风凛凛的狮子散发着霸气，保护着一代代村民。

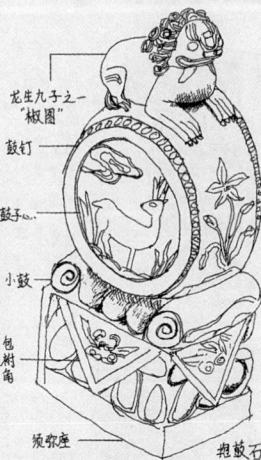

栏杆上的石雕

龙生九子之一"椒图"
鼓钉
鼓子
包袱角
须弥座
抱鼓石

抱鼓石是中国宅门"非富即贵"的门第符号，是最能标志屋主等级差别和身份地位的装饰艺术小品。

图3-25 彭艺

在查济，精美的石雕艺术随处可见。内容多为象征吉祥的龙凤、仙鹤、猛虎、雄狮、大象、麒麟、祥云、八宝、博古和山水风景、人物故事等，主要采用浮雕、透雕、圆雕等手法，质朴高雅、浑厚潇洒。

（图3-24、图3-25）点评：查济村的石狮子和各类石雕很多，博物馆、街面上、门前、院落内随处可见，同学们对其各具形态的造型难以抗拒，几乎每人都画过、与其合影过。这两幅或白描勾勒，或略施明暗，画面的构图、手法也还不错。

宋代"角替"、清代称为"雀替",又称为"托木"或"插角",集结构、装饰作用为一体,是中国古建筑的特色构件之一。

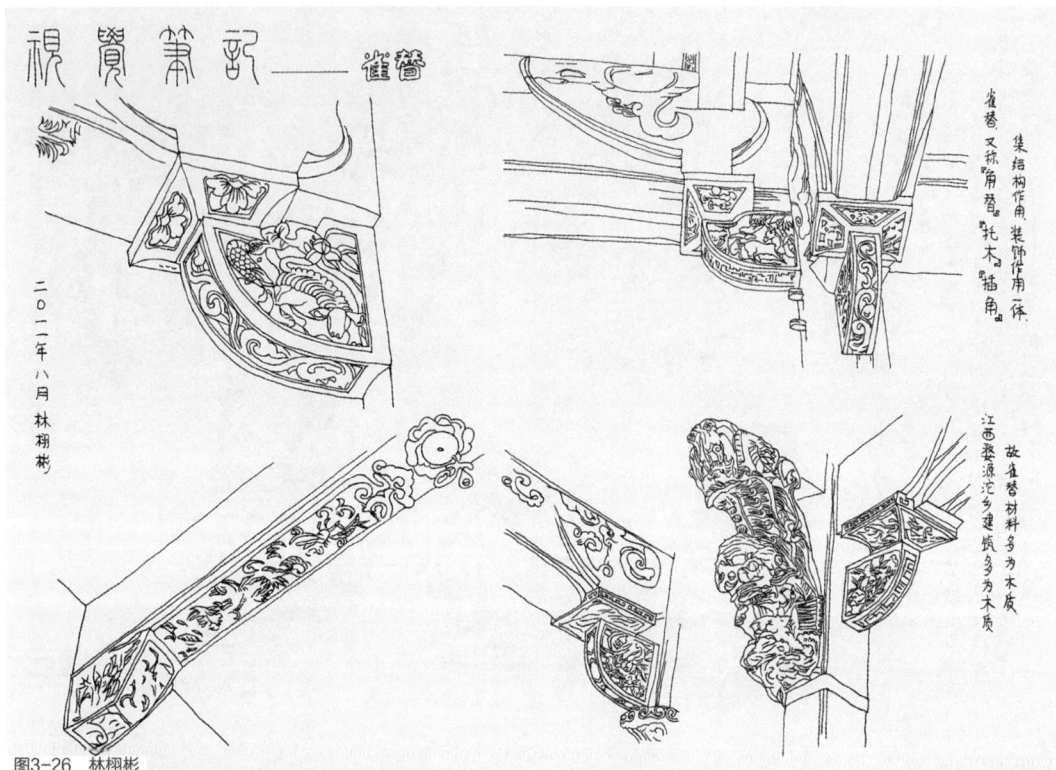

图3-26 林栩彬

木建筑上用木雀替,石建筑上用石雀替。由于雀替像一对翅膀在柱子的上面向两边伸出,也就使柱头部分的装饰问题得到了很好的解决。很多朝代的建筑都喜欢采用雀替来作为柱头装饰物。

查济视觉笔记——雀替 ——城市规划三班 曹砚宸 1150378

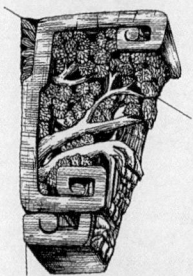

雀替是中国古建筑的特色构件之一。宋代称"角替",清代称为"雀替",又称为"插角"或"托木"。通常被置于建筑的横材(梁、枋)与竖材(柱)相交处,作用是缩短梁枋的净跨度从而增强梁枋的荷载力;减少梁与柱相接处的向下剪力;防止横竖构材间的角度之倾斜。其制作材料由该建筑所用的主要建材所决定,如木建筑上用木雀替,石建筑上用石雀替。

雀替的制式成熟较晚,虽于北魏期间已具雏形,但直至明代才被广为应用,并在构图上得到不断的发展,至清时成为一种风格独特的构件。其形好似双翼附于柱头两侧,而轮廓曲线及其上油漆雕刻丰富装饰趣味,为结构与美学相结合的产物。由于雀替像一对翅膀在柱子的上面向两边伸出,也就使到柱头部份的装饰问题得到了很好的解决。后代的建筑都喜欢采用雀替来作为柱头装饰物。

图3-27 曹砚宸

(图3-26、图3-27)点评:"牛腿""雀替"的功用与装饰相似而又不同,也有各式各样的叫法。造型、装饰也最为繁复、精美。对于同学们的画艺具有一定挑战性的,画时可以参照手机所拍摄的图片。

（三）农具、古家具

　　村落中的石磨、独轮车，集市上令人眼花缭乱的各种农具以及日用品，都吸引着我们猎奇的目光，拍照、摆弄、讨价还价，好不热闹。画这些对于我们似乎不成问题，课堂上类似的五金件、各种陶罐、竹木器也都写生过。古家具大多在古宅的厅堂里，除了旅游点之外，不方便进入，同学们画得较少。

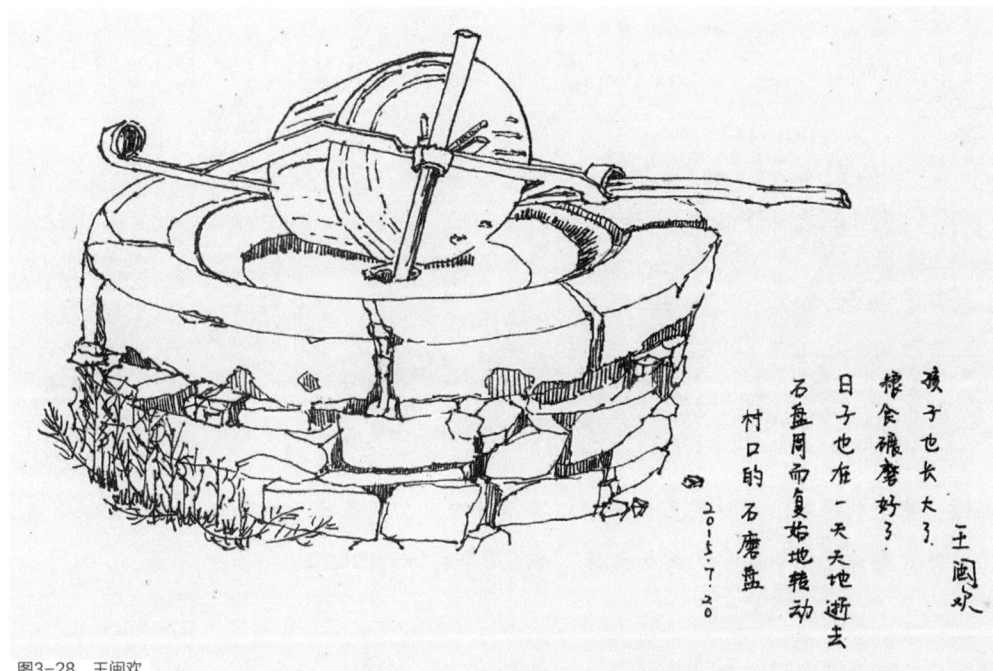

图3-28　王闽欢

村口的石磨盘周而复始地转动，日子也在一天天地逝去，粮食碾磨好了，孩子也长大了。

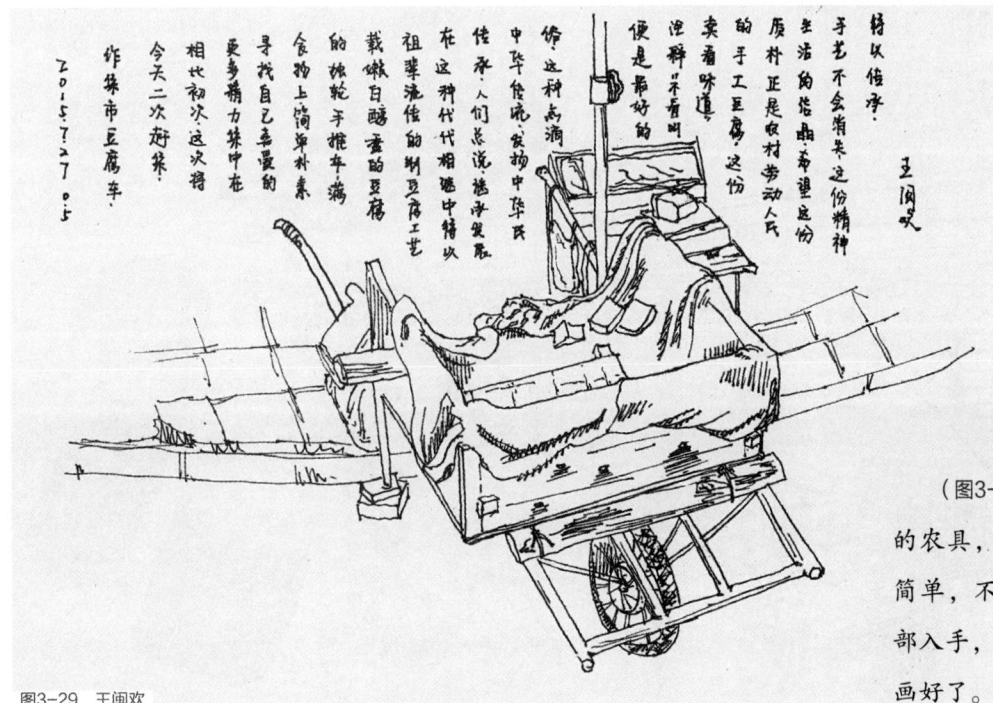

图3-29　王闽欢

简单朴素的独轮手推车，满载嫩白醇香的豆腐，祖辈流传的制豆腐工艺，在这种代代相继中得以传承。"不看叫卖看味道"的手工豆腐，这份质朴正是农村劳动人民生活的结晶。

（图3-28、图3-29）**点评**：画单独的农具，构图容易把握，透视较为简单，不必打轮廓，把握整体，局部入手，慢慢画起，1个小时也就能画好了。

王夫之《周易外传》云："无其器则无其道，人鲜能言之，而固其诚然者也。"物，代表着一方人生活习惯，从中渗透出他们的生产方式，生存需求，犹如无声的影片，无字的史书，记载着这片土地。

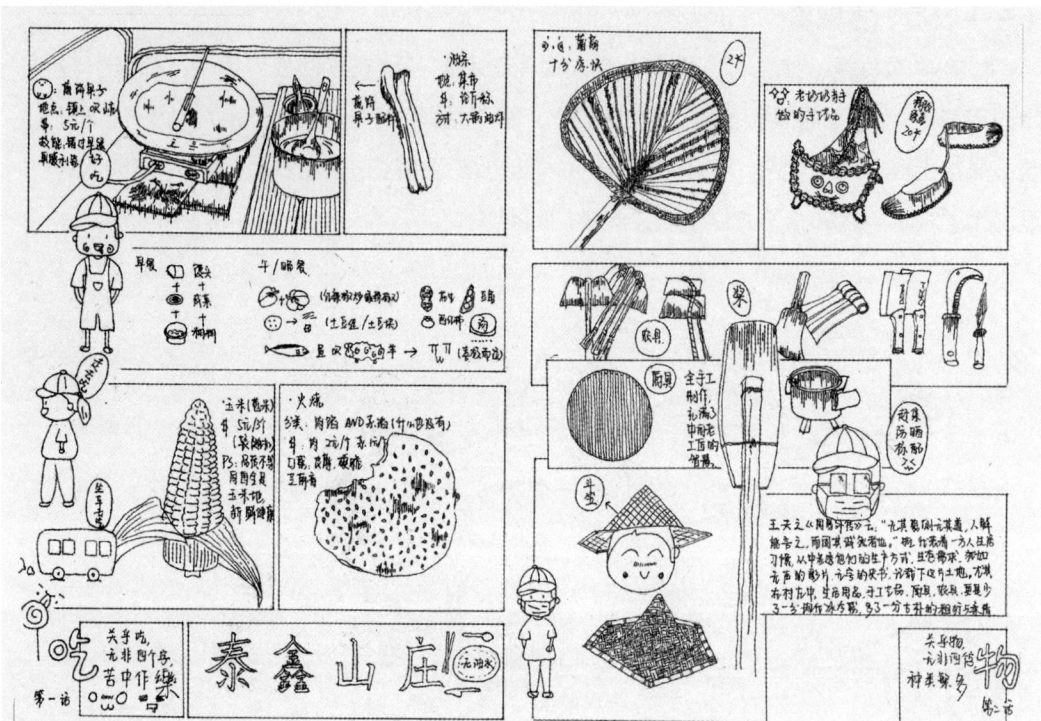

图3-30　姚瑶

点评：基地的早餐、门口的煎饼果子以及各种叫卖，实习日子的苦与乐统统记录下来，画技已无关紧要，过几年再看这点点滴滴，一定是个美好的回忆。

干涸的河床成为集市的热闹场地，阴凉的桥洞更是纳凉好去处。一把把五色阳伞撑起，形成摊贩的海洋。

点评：以大桥作为构图主线，又辅以晕线作为渲染，阳伞作过渡，三轮、藤编的细致描绘，画面生动。

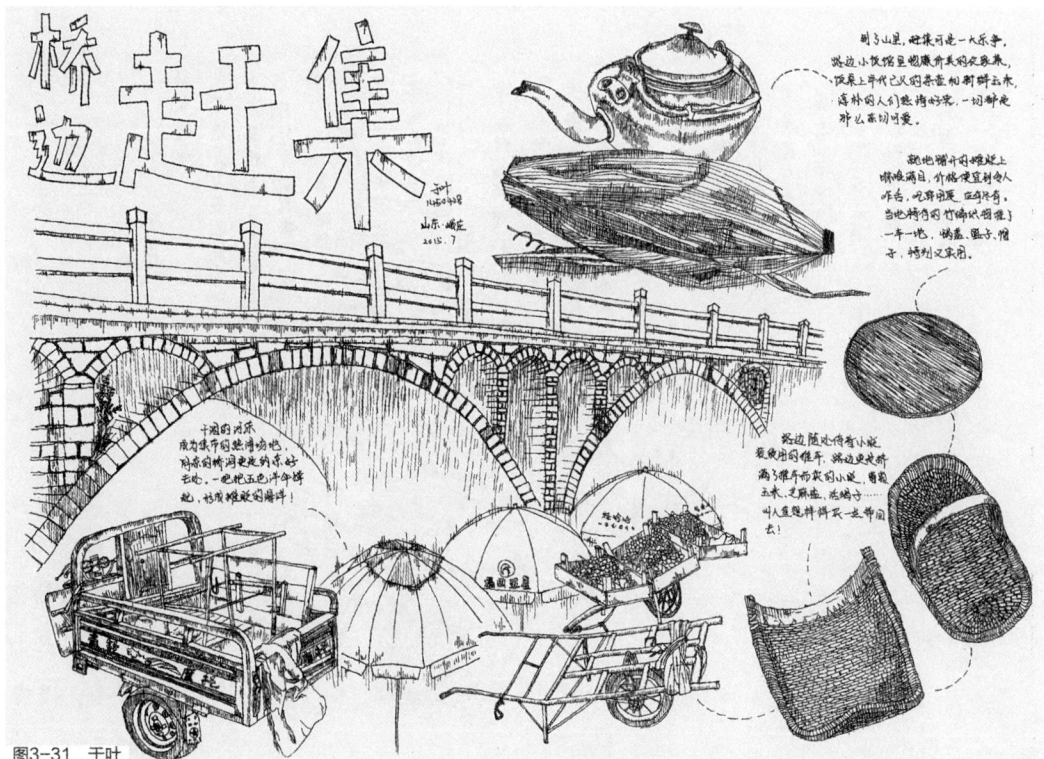

图3-31　于叶

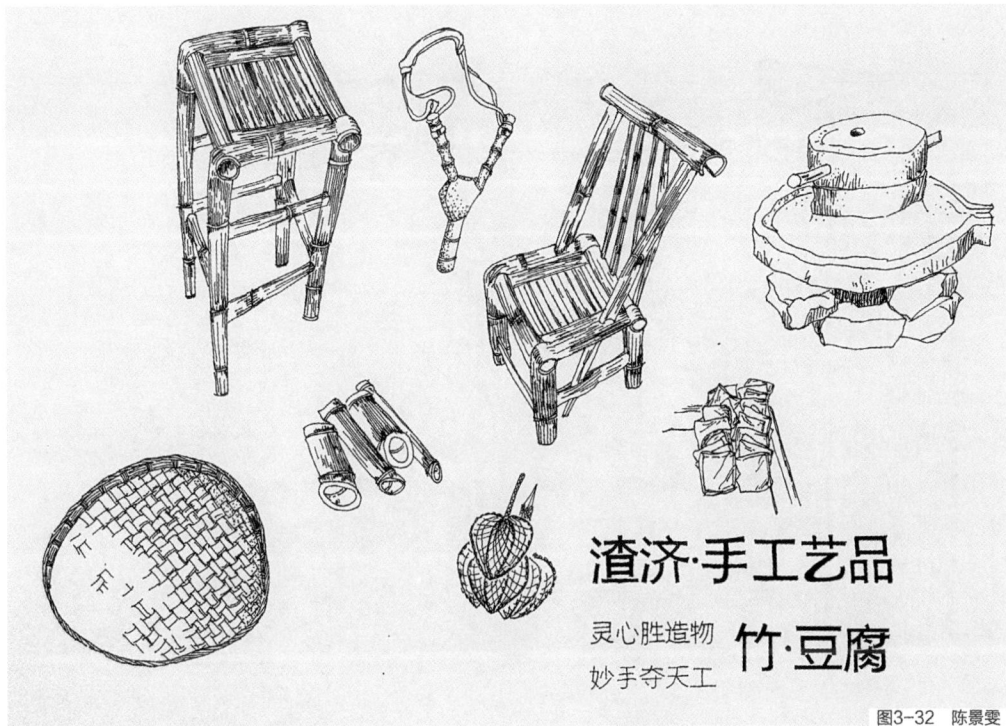

"灵心胜造物，妙手夺天工"。尤其在村庄中，生活用品、厨具、农具，少了一分现代冰冷感，多了一分古朴的粗犷与柔情。

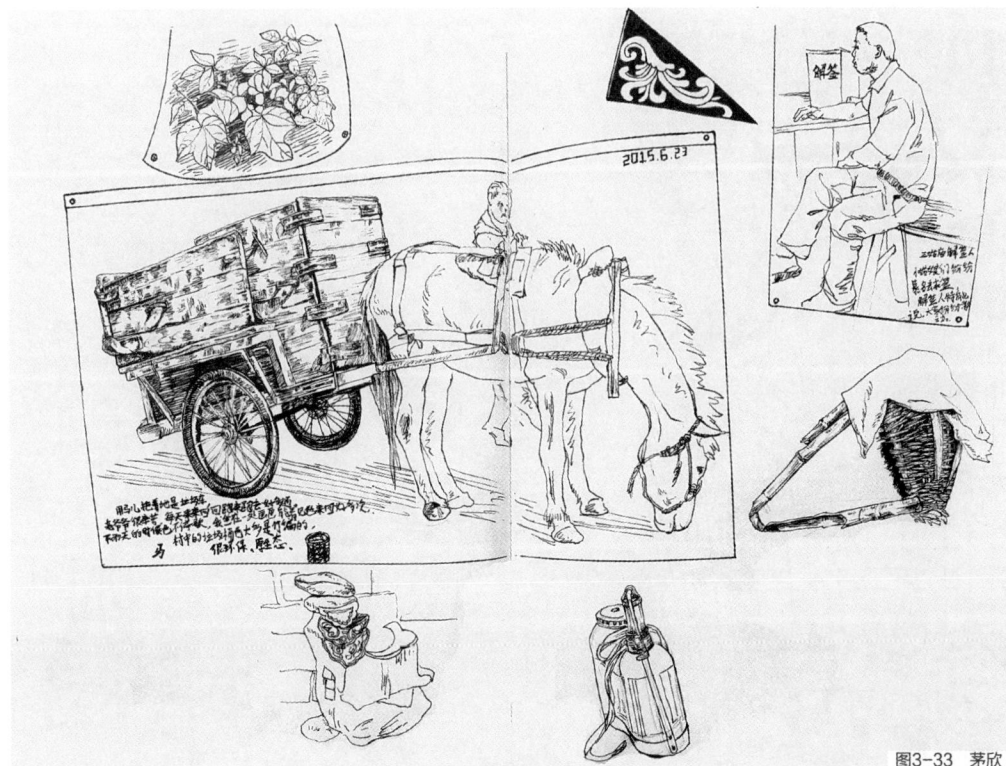

渣济·手工艺品

灵心胜造物
妙手夺天工

竹·豆腐

图3-32 陈景雯

用马儿拖着的是垃圾车，老爷爷很辛苦，每天来来回回跑来跑去好多遍。下雨天的时候也不停歇，我坐在一处画画能看见他来回好多次，村中的垃圾桶也大多是竹编的，原生态，很环保。

图3-33 茅欣

（图3-32、图3-33）**点评：**简单的生活用具，加以作者的情感流露，画面似乎得以升华，感化着我们在写生时勿要随意丢弃垃圾，写生实习不仅仅是技巧的训练、生活的体验，与居民游客的交往更要相互理解、尊重。

外面的雨还在淅淅沥沥地下个不停，当我们进入客厅参观时，看到几个老人躲在屋檐下悠闲地聊天、织席子，时不时还停下手中的活抽上一支烟。这样的生活让我羡慕不已，我懂了，世界上还有这样一种快乐叫幸福。

点评：农具整齐有序的摆放，多像我们的画画工具啊！生活的舒心惬意或许就是不经意之间的流露，随口哼上一段小曲、品上一口茶、作品完成后的伸伸筋骨……

精彩婺源

王月琦 100449

——农家

农具

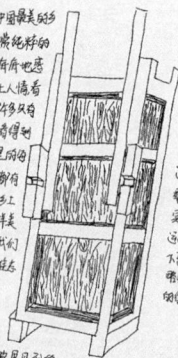

门环

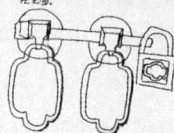

图3-34　孙潇、陈韵、王月琦

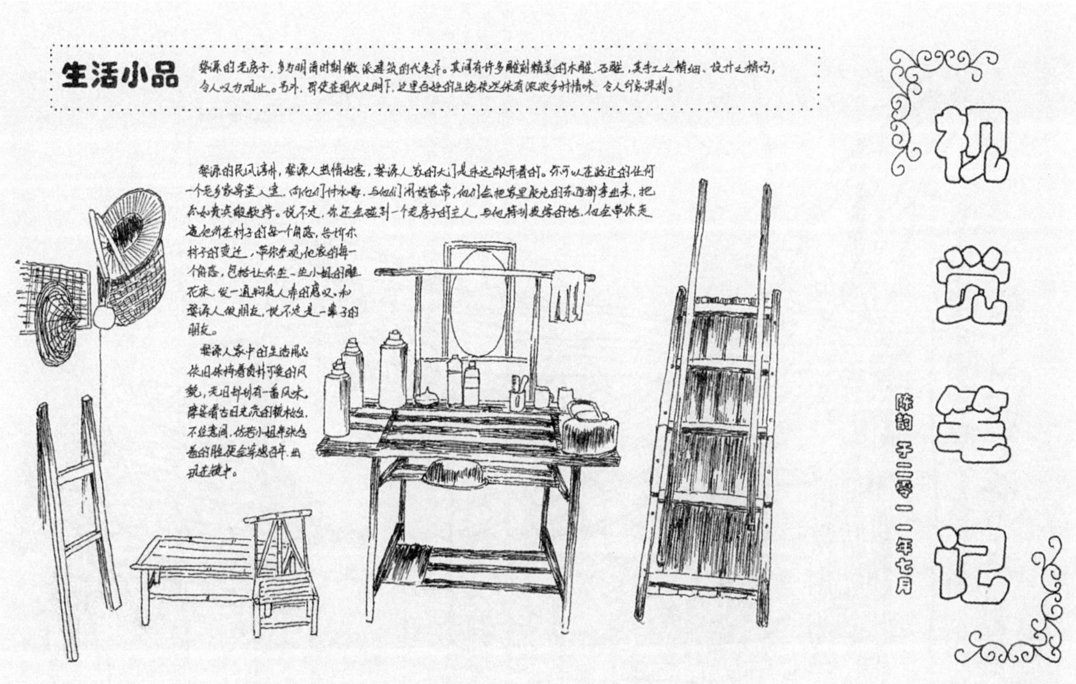

图3-35 陈韵

婺源人热情好客，民风淳朴。屋中的生活用品依旧保持着质朴可爱的风貌，老旧却别有一番风味。摸索着古旧光亮的梳妆台，仿若小姐半张含羞的脸便会穿越百年，出现在镜中。

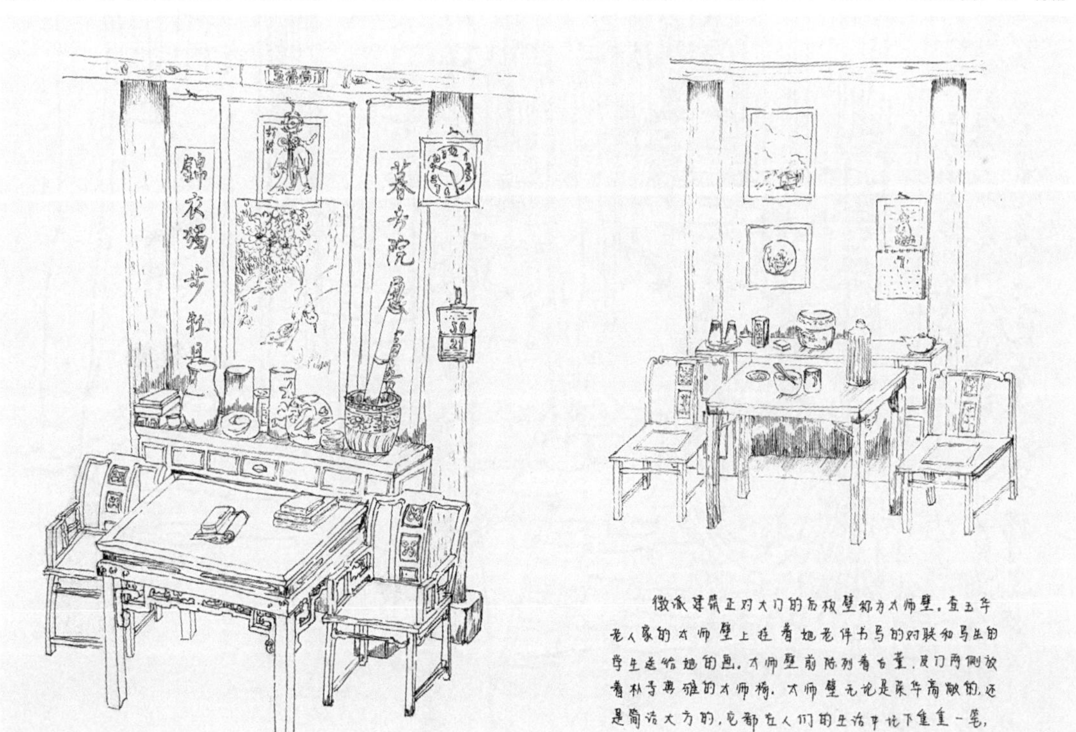

图3-36 张力曼

徽派建筑正对大门的后板壁称为太师壁。查玉华老人家的太师壁上挂着她老伴书写的对联和写生的学生送给她的画。太师壁前陈列着古董，皮门两侧放着朴素典雅的太师椅。

（图3-35、图3-36）点评：家具的结构造型要复杂些，描绘有点难度，透视、构图也需要讲究一点。家具的摆设、字画陈设也反映出屋主人的情趣、待客之道，善于同居民沟通也是顺利完成写生的关键，古村落的民风大多还比较纯朴，往往你敬人一尺，人敬你一丈。

（四）弄堂、石板路、小石桥

在皖南或江南小镇，高墙下的狭窄弄堂经过岁月的磨砺，那透视感极强的石板路圆润厚重、幽深神秘，好像在诉说着委婉动人的故事。酷暑时节这里也阴凉宁静，坐上半天也不觉疲倦，对景写生，与时空对话，感受历史的印痕。与之相映照的便是村中的小河，淙淙溪水经年不断，沟通两岸的小石桥比比皆是，倘若雨季，迷蒙宛若仙境。

图3-37　刘辉

西塘镇南塘桥弄，残缺的砖柱，勉强支撑的木廊。石板路边上，想不到也开满小店，想见周末的火爆，看来再也不见当年的安静小镇了。

西塘镇南塘桥东街"相思河畔"客栈，下午坐在石板桥上写生，天气不算太热，伴有阵阵凉风，只是太阳把石桥晒得有些发烫。写生时标记好大的比例、结构，以石板路找好透视消失点关系，局部画起。

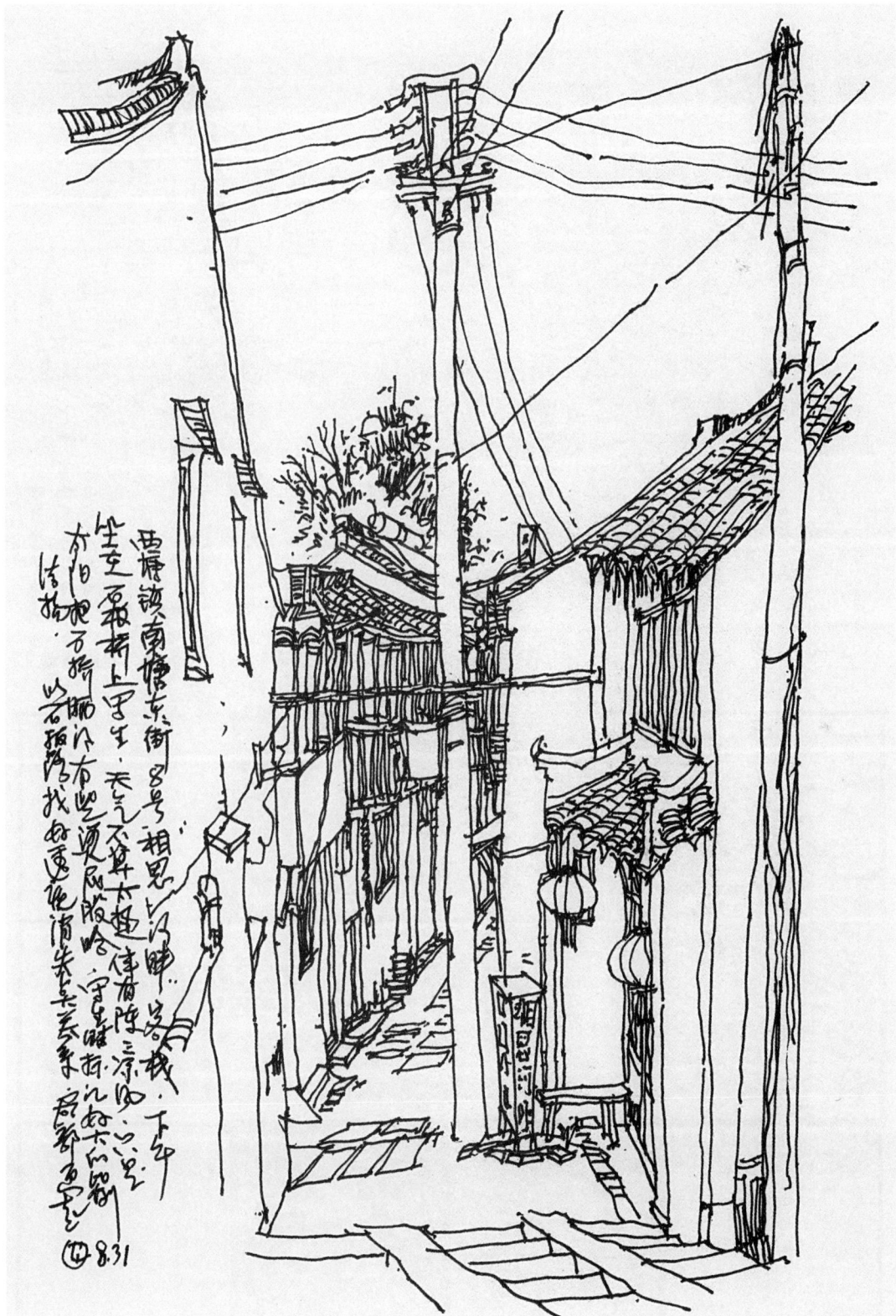

图3-38 刘辉

响泉村旁木器厂后院有一条小路，通向居民的农田，种植了豆类、玉米。作画时，有位老奶奶用扁担挑肥前去施肥。这是让人向往的种植生活。

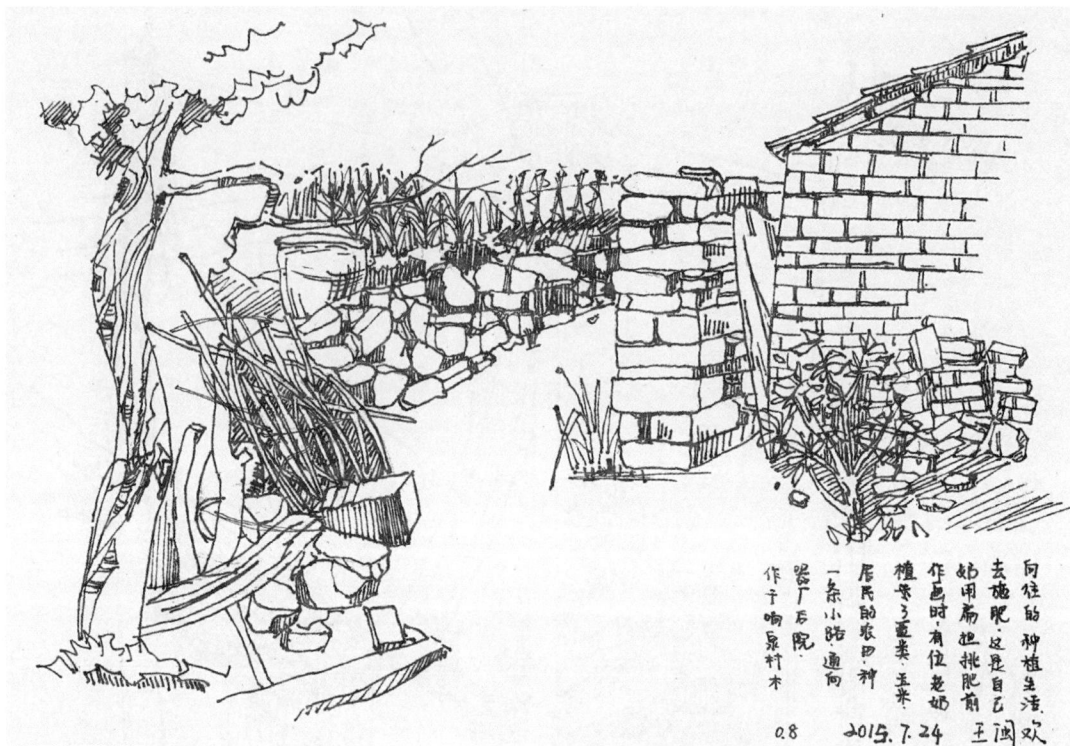

图3-39　王闽欢

点评：砖石、树木、柴火纹理的勾画清晰、言之有物，加以路面的留白，画面具有装饰意味。

农家用页岩垫在下面，用砖砌在上面，既利用了页岩横向的受力稳定性，又形成了美丽的石头肌理，丰富了墙面的视觉效果。细长的小巷用青石板不断延伸，似乎在诉说着一辈又一辈人悠远的故事。

图3-40　杨倩雯

点评：专注于具体物象肌理的表达，深入刻画，挖掘背后的故事，也不错，"石头也会讲话的啊"。

峨庄除了石台阶，另一个比较有看点的就是很多长了植物的楼梯。楼梯和房屋一样，一侧供人行走，一侧长满伸手便可触碰的花草。

人与自然融合，无需任何修饰与语言。石也为植物的效力服，可使墙根显出水灵似的竹杆，石头，似来的桃…？

（不用侧排线好，有些在里用里排线 0.12）

视觉笔记之 长满植物的楼梯

峨庄随处可见的石狮子。

写生倒数第三日，同小伙伴们一起来到河对岸的另一个村子。

村子看起来比土泉村规整一些，还出现用砖瑚砌筑的房子。

有幸赶上村民施工，目睹了房子现场建房的过程。

视觉笔记之一 村民施工现场

峨庄有许多由石块堆砌的阶梯，一侧供人行走，另一侧长满伸手便可触碰的花草，很有看点。与小伙伴一起来到河对岸的另一个村子，村子看起来比土泉村规整一些，还出现用砖砌筑的房子。有幸赶上村民施工，目睹了现场建房的过程。

点评： 实习中除了画画之外，将生活中看到、体验到的记录下来，或许也可为以后的工作学习带来不少帮助。

图3-41 肖雅楠

柳花村一直往里走，感觉走到了尽头，便看见了赛龙大桥。大桥立面上大小不一的石块层层排列，爬满了爬山虎，右侧是个关圣帝的小庙堂，庙门应该是许久未开了，落灰严重。

图3-42 张中菁

点评： 这也是中国农村的缩影，随处废弃、荒败的建筑物，任岁月侵蚀。现在许多年轻的建筑师也注意到，结合现代设计理念加以改建、重塑，未来乡村一定更美丽。

许溪每隔十几米就有一座古桥，上游潺潺水上的一座古石桥镇口桥，因明代理学名家查铎而得名铎官桥。

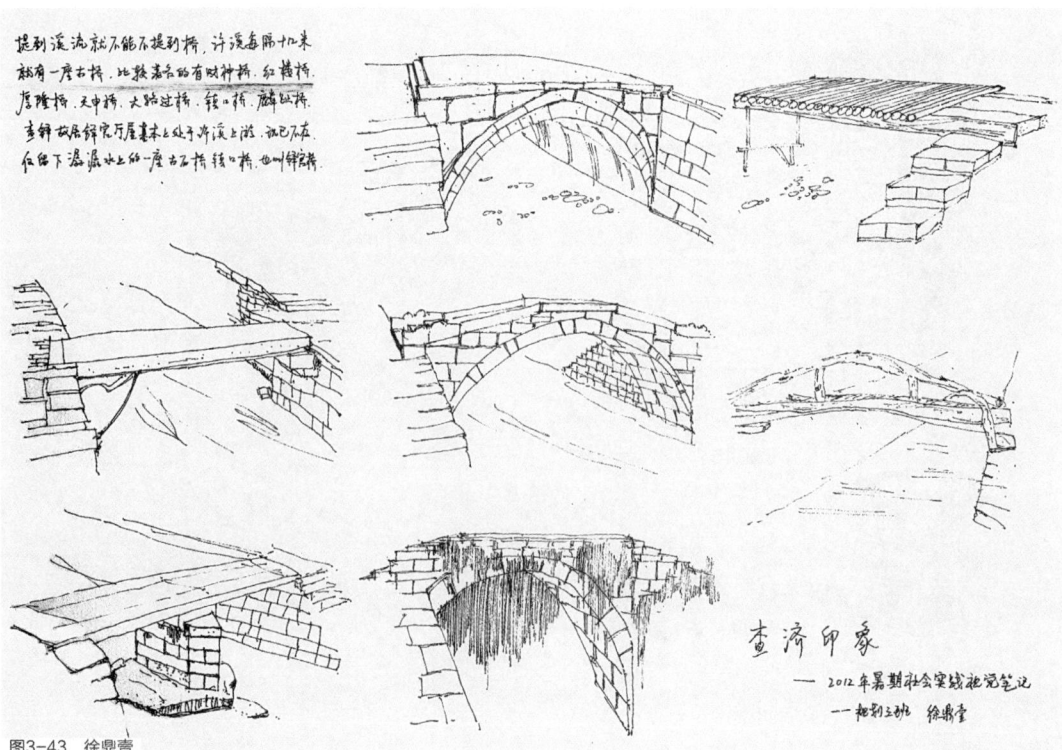

图3-43 徐鼎壹

查济的桥大
致有梁桥和
拱桥两种，
梁桥为石
梁石柱桥；
拱桥为石拱
桥，且一
律是半圆单
孔的。沿河
漫溯，意外
发现一座
造型独特的
平拱桥。一
侧栏杆由
天然树干一
体成型，典
雅古朴，整
体的不对称
设计却又不
乏前卫现
代。再加上
精巧的加
工，使整座
桥卓然天成，
非常美观。

艺术造型暑假实践视觉笔记

查济桥文化

11规划三班 115038 王博

查济是安徽泾县西南部的一座以山水秀丽和徽派建筑闻明的古村落，村子坐落在绵延10里的查济河两岸，查济有水，也便有桥。

查济的桥大致有梁桥和拱桥两种，梁桥为石梁石柱桥……

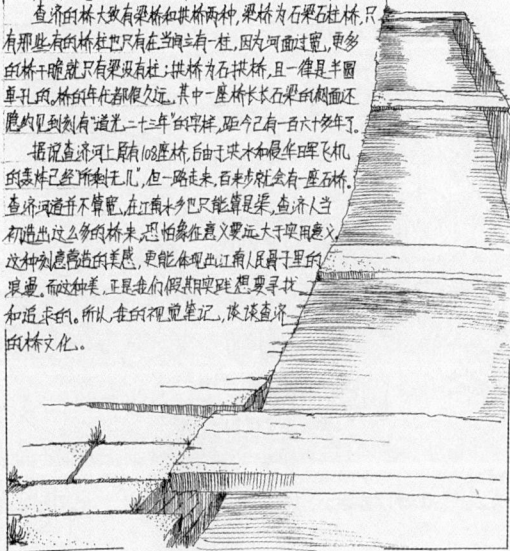

此桥是我们沿河漫溯，在僻处意外发现的。它是一座木制平拱桥造型独特，一侧栏杆由天然树干一体成型，典雅古朴，整体的不对称设计却又不乏前卫现代。再加上精巧的加工，使整座桥卓然天成，非常美观。每一个同学都为之赞叹和动容，故将之记录留念。

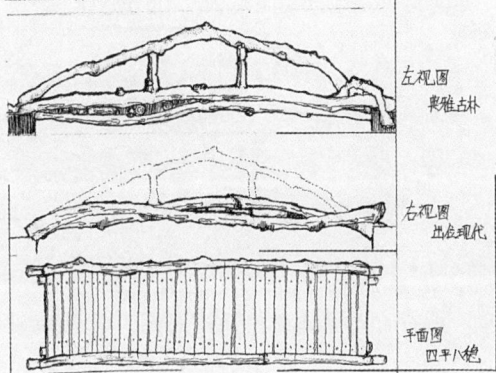

左视图 典雅古朴

右视图 出启现代

平面图 四平八稳

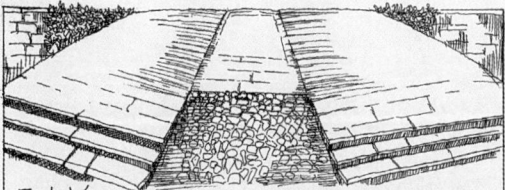

天申桥

天申桥是一平宽拱桥，板长内10米，宽亦10米，桥面呈正方形……

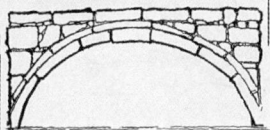

从立面图可以看出"两座桥"风格的差异

平面图

随处可见 石板桥

一带山势 红树林

精致高贵 木桥

图3-44 王博

（图3-43、图3-44）点评： 查济村依山傍水，顺势而建，着意于山、水结合，因此桥必不可少。形态各异的桥，体现出农民工匠的巧思与勤劳，对生活的向往与追求。作为学习如何采集古建筑资料，记录、写生时把造型结构的转折、契合交代清楚就行。

浙江泰顺北涧桥，建于清朝康熙十三年，后经六次重建，桥长51.87米。桥头有一颗古樟树已有千年树龄，叶茂参天。

图3-45 刘见谷

点评：画面的主体是桥，详致刻画，背景的树木以及远山的描绘与桥之间留些空白，是中国画中常见的表现方法。用此方法，画面的空间、层次感就有了。

往往直排式构图不易处理，建筑物繁琐，描绘成灰色调与石板路形成反差，一排人物的大小变化增强了画面的空间感。

图3-46 刘辉

石板路的疏与瓜架的密形成对比，有了层次，石板的长短、节奏变化，画面就灵动起来。

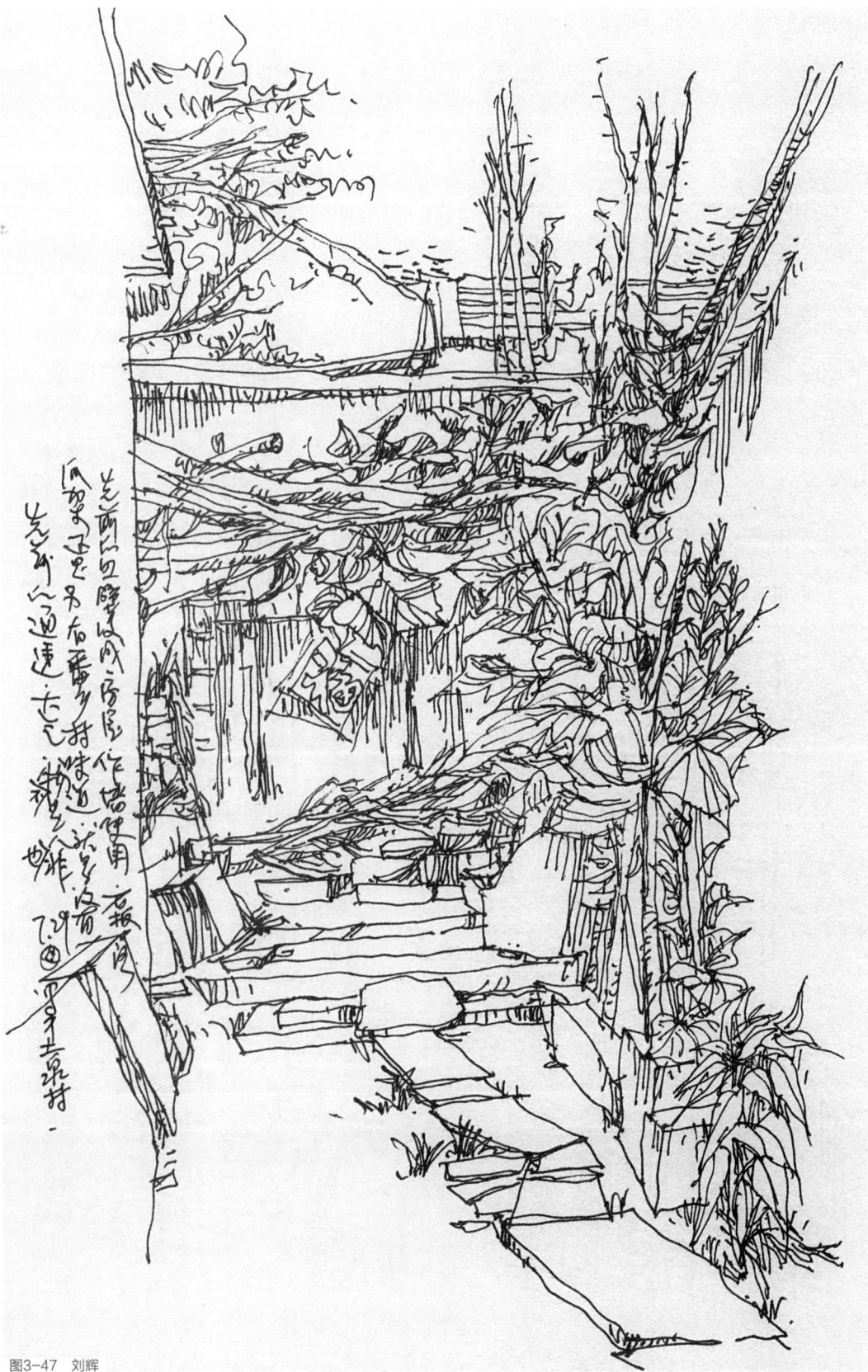

图3-47 刘辉

（五）农家小院与农村生活

农家小院的表现最为重要的是"立意"，农村生活的体验，内心深处情感的自然流露，也是画好一幅画的关键。如果一开始就因为生活条件的不适而带着抵触与不屑，每天躲在房间里画照片，那怎能会有收获呢？来都来了，还是敞开心扉，走进农家小院、体验农民生活吧。

"西塘旅馆"315室窗外，20世纪80年代建筑，拥挤、杂乱，有一点空隙就搭建。看不到绿化，只在楼梯道口的窗台上偶见几盆仙人掌。人亦是如此，环境艰辛，倒也活得自在。暑期来写生，是工作也是生活，也好像这建筑，茫然而又坚定，习惯也是无奈。

图3-48 刘辉

山村一角的柴火，被整齐地摆放在废弃石墙上，让人回忆起乡村烧柴生火的日子。

图3-49 林旭颖

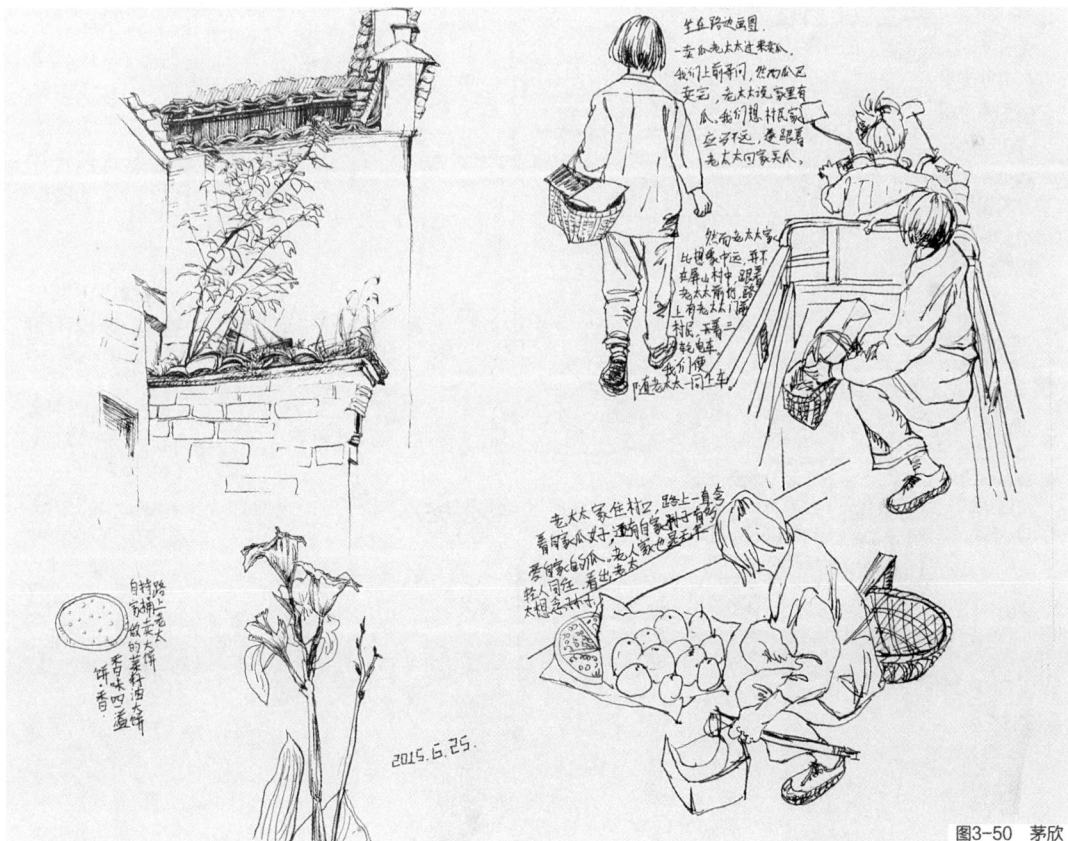

老太太家住村口，路上一直夸着自家瓜好，还有自家孙子有多爱自家的瓜。老人家并没有与年轻人同住，看出老太太想念孙子。

图3-50 茅欣

（图3-49、图3-50）点评：不起眼的角落也能得到画者的关注，老太不经意间的言语，引起作者的联想。用心观察、体会，画画的灵感就不期而至。

进建筑与城市规划学院以后最期待的事情就是写生了，因为喜欢画画。虽然画得不怎么样，但是喜欢，很喜欢，更喜欢这么多天一直认真地做同一件事的感觉。大一结束了，终于坐上了去远方的车，十个多小时的路程，到达了山沟沟里。没有想象中那么美，生活条件也没有那么好。远离上海这个快节奏的城市，来到农村，去寻找一份宁静。

点评：实习日子的憧憬，每天画画的期待，作者以简笔漫画的方式来记录下这份美好，也是一种方法。

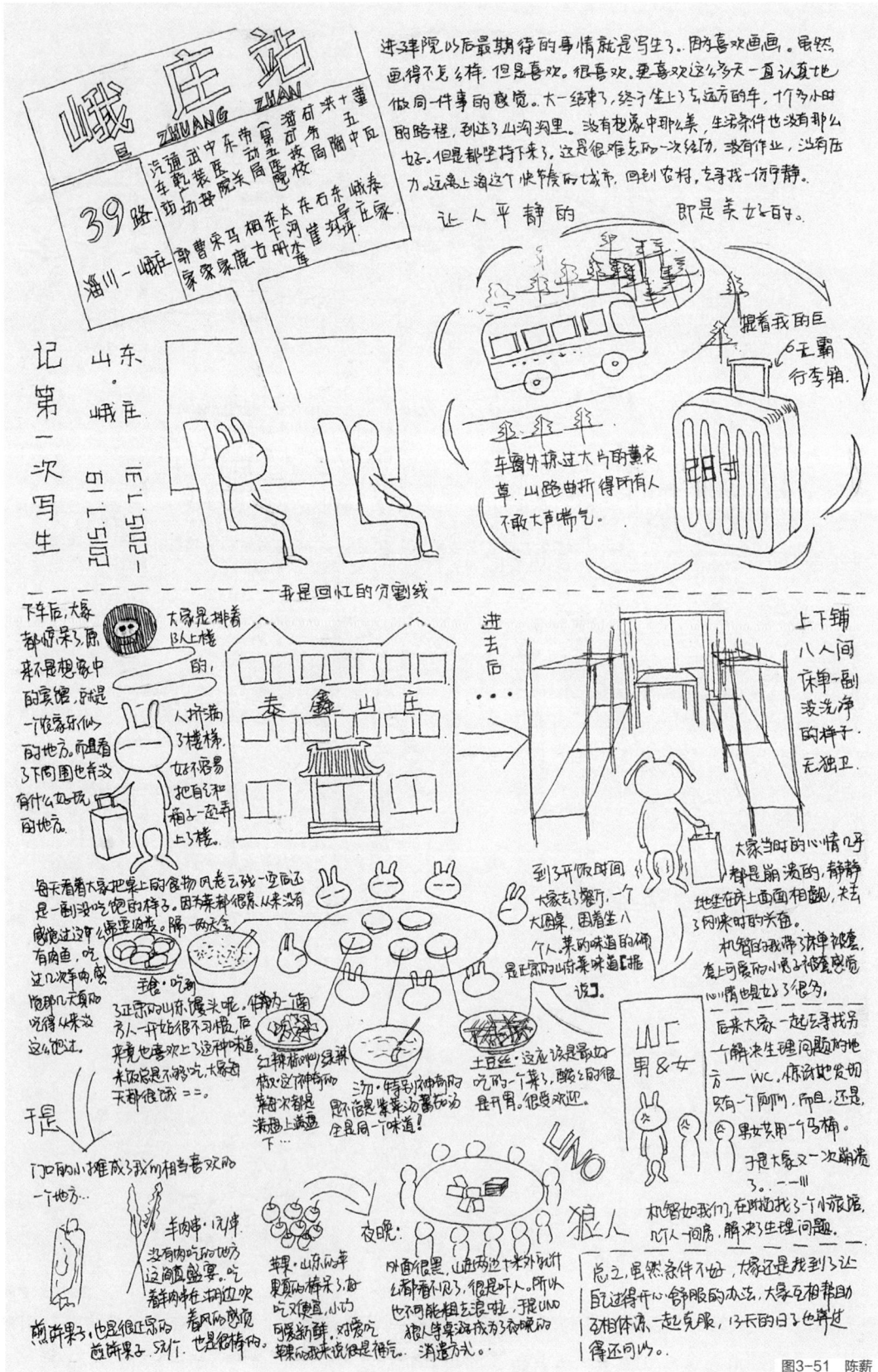

图3-51 陈薪

还是会喜欢这样简单的院子，没有纷杂的生活，好像这样就是一切。

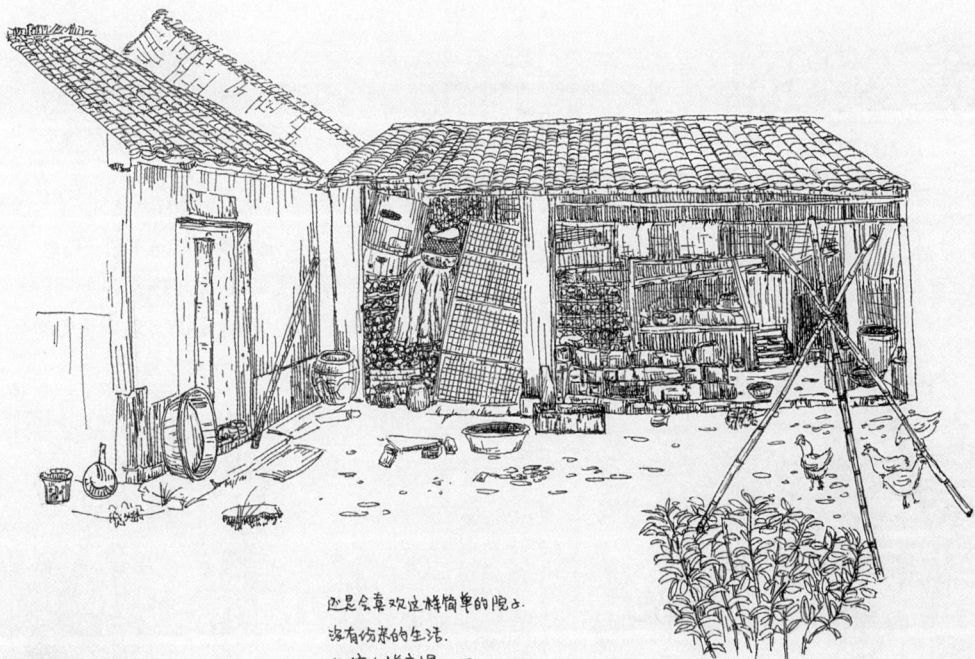

图3-52 董芮孜

街头拐角处，从来都是那么一架推车，一个卖瓜的老奶奶，没有看瓜的人，大家各忙各的，这种信任的感觉，真好。

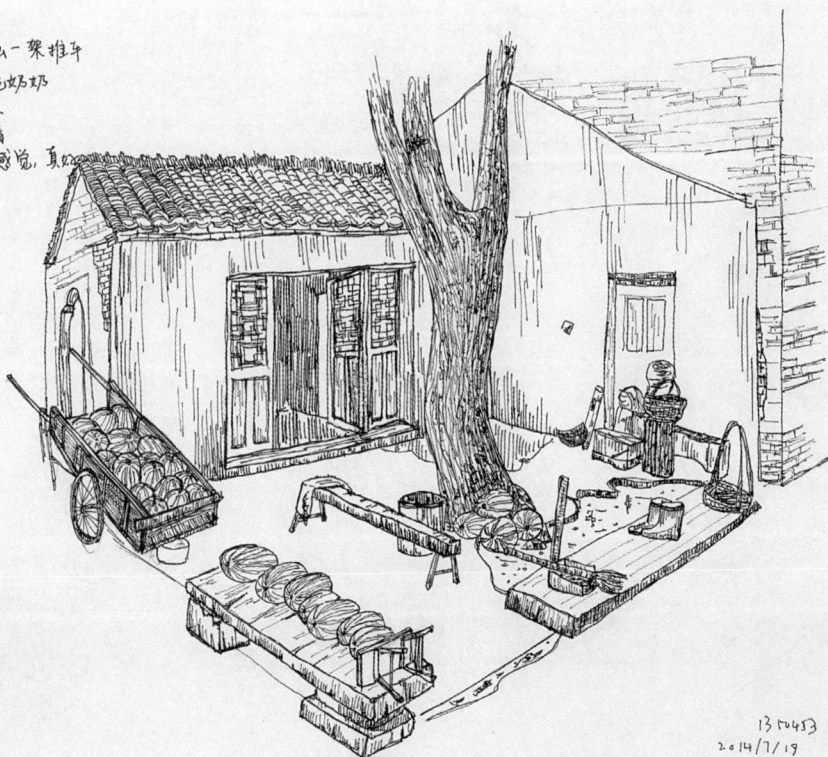

图3-53 董芮孜

（图3-52、图3-53）点评：院落写生的观察角度、景物的增减配置是重点，这两幅的平角及成角透视准确，墙面运用了黑白、虚实转换，纷杂的景物画得较有条理。缺点是用笔稍显凝滞，熟练就好了。

城市与农村一个较大的差别就是农村多了许多人与自然和谐相处的迹象。由树枝组成的栅栏，再加上深入内院的石阶梯，不免给人一种分不清人工与自然的感觉。卖鸡蛋的奶奶淳朴友善，卖豆角的爷爷热情大方，卖肉的大叔豪情万丈——集市上热闹非凡。

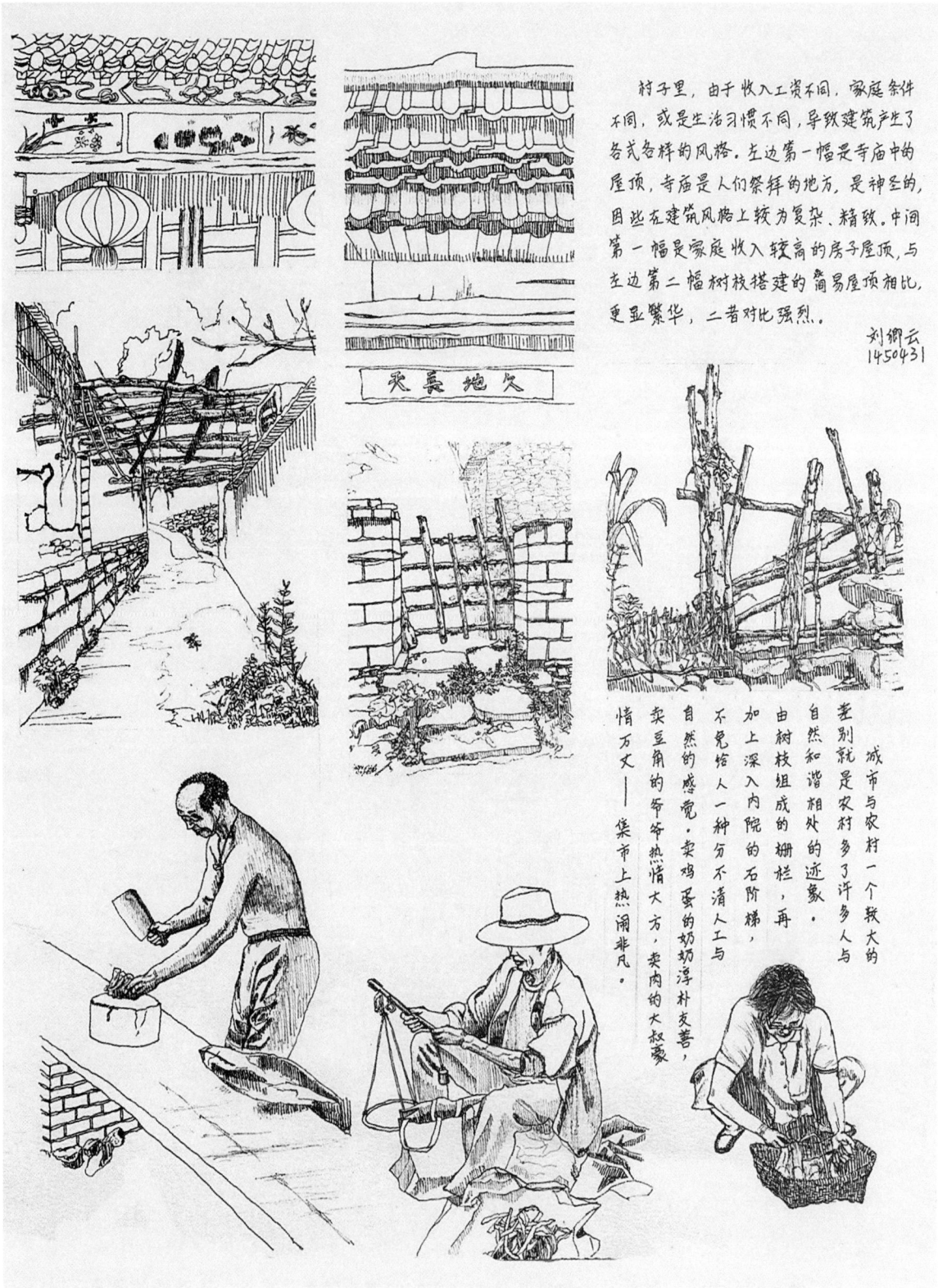

村子里，由于收入工资不同，家庭条件不同，或是生活习惯不同，导致建筑产生了各式各样的风格。左边第一幅是寺庙中的屋顶，寺庙是人们祭拜的地方，是神圣的，因此在建筑风格上较为复杂、精致。中间第一幅是家庭收入较高的房子屋顶，与左边第二幅树枝搭建的简易屋顶相比，更显繁华，二者对比强烈。

刘卿云
1450431

城市与农村一个较大的差别就是农村多了许多人与自然和谐相处的迹象。由树枝组成的栅栏，再加上深入内院的石阶梯，不免给人一种分不清人工与自然的感觉。卖鸡蛋的奶奶淳朴友善，卖豆角的爷爷热情大方，卖肉的大叔豪情万丈——集市上热闹非凡。

图3-54　刘卿云

集市上的人姿态众多：骑摩托车的父子，在桥上交谈的老汉，卖鸡蛋的老奶奶，所有人都是那么淳朴友好。画面左边是一户有小孩的养狗人家，他们的房子由石头、砖瓦和混凝土组成，是峨庄人与动物、人与自然和谐相处的缩影。

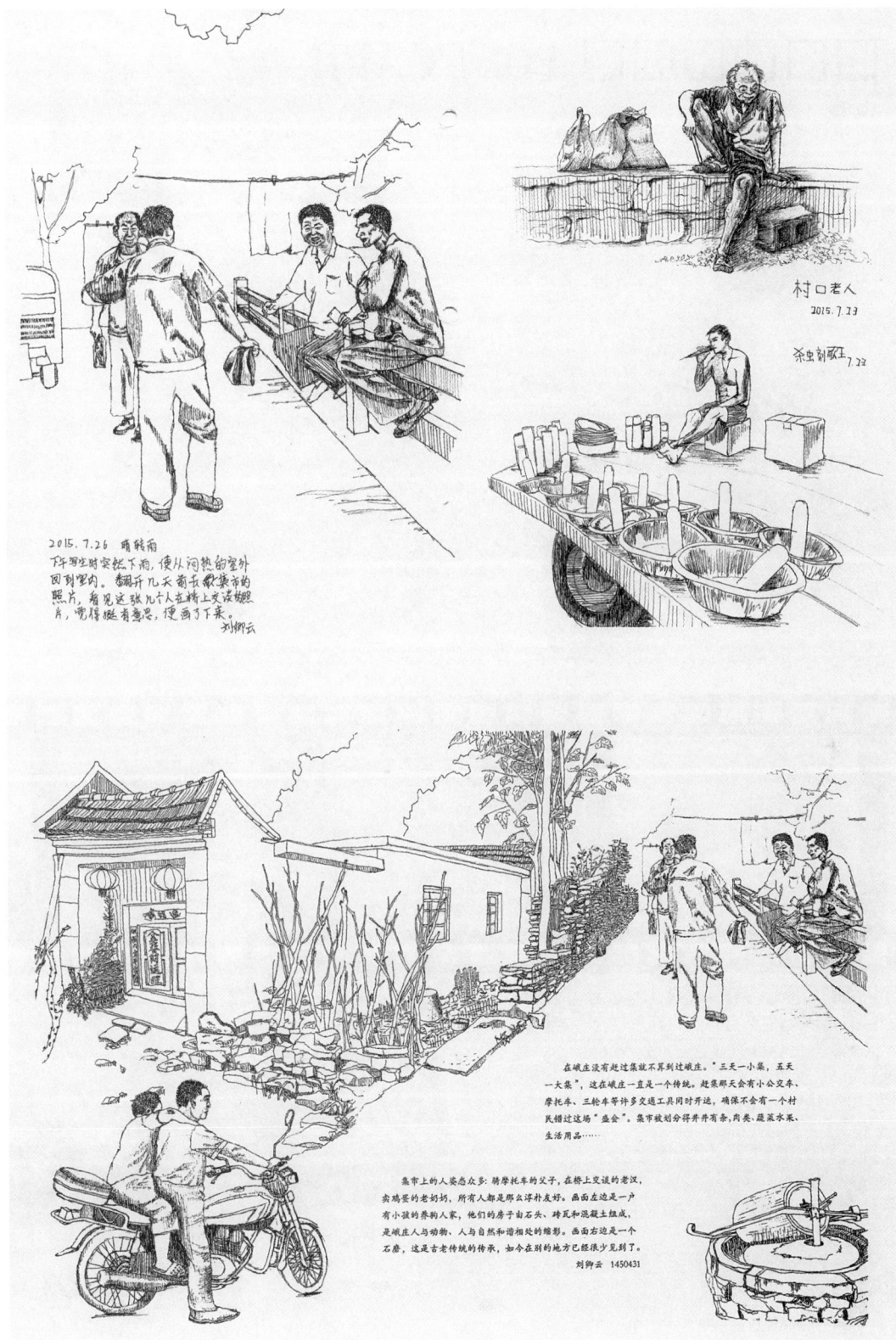

村口老人
2015.7.23

杀虫剂救生
7.23

2015.7.26 晴转雨
下午写生时突然下雨，便从闷热的室外回到室内。翻开几天前长假集市的照片，看见这张九个人在桥上交谈的照片，觉得挺有意思，便画了下来。
刘卿云

在峨庄没有赶过集就不算到过峨庄。"三天一小集，五天一大集"，这在峨庄一直是一个传统。赶集那天会有小公交车、摩托车、三轮车等许多交通工具同时开进，确保不会有一个村民错过这场"盛会"。集市被划分得井井有条，肉类、蔬菜水果、生活用品……

集市上的人姿态众多：骑摩托车的父子，在桥上交谈的老汉，卖鸡蛋的老奶奶，所有人都是那么淳朴友好。画面左边是一户有小孩的养狗人家，他们的房子由石头、砖瓦和混凝土组成，是峨庄人与动物、人与自然和谐相处的缩影。画面右边是一个石磨，这是古老传统的传承，如今在别的地方已经很少见到了。
刘卿云 1450431

（图3-54、图3-55）点评：实习期间，同学们很喜欢画人物，这可是他们的弱项，还好现在手机拍照功能强大，认真描摹，还是有模有样的，穿插于景物间颇有生机，我也从非美术专业的角度来看他们的画，用心就行。

图3-55 刘卿云

在画植物时碰巧看到一只色彩鲜艳的大瓢虫，非常的漂亮，它拥有红色的外壳、黑色的斑点和半透明的红红的头。

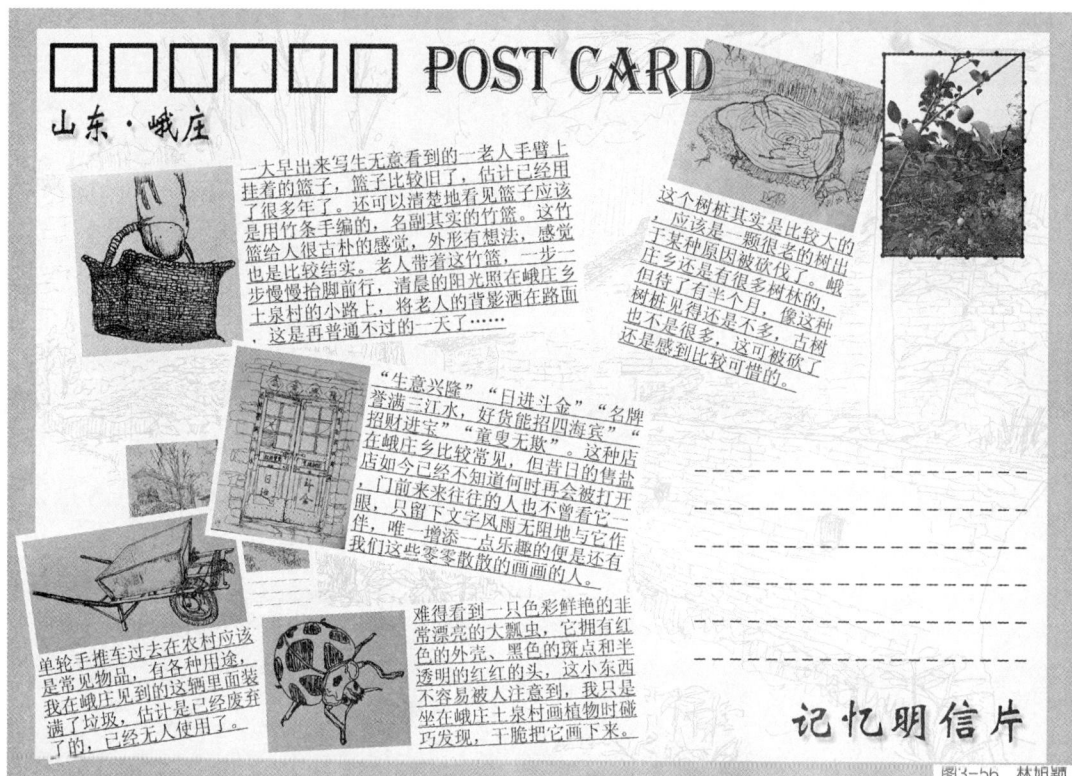

□□□□□□ POST CARD

山东·峨庄

一大早出来写生无意看到的一老人手臂上挂着的篮子，篮子比较旧了，估计已经用了很多年了。还可以清楚地看见篮子应该是用竹条手编的，名副其实的竹篮。这竹篮给人很古朴的感觉，外形有想法，感觉也是比较结实。老人带着这竹篮，一步一步慢慢抬脚前行，清晨的阳光照在峨庄乡土泉村的小路上，将老人的背影洒在路面，这是再普通不过的一天了……

"生意兴隆""日进斗金""名牌誉满三江水，好货能招四海宾""招财进宝""童叟无欺"。这种店在峨庄乡比较常见，但昔日的售盐门前来来往往的人也不曾看它一眼，只留下文字风雨无阻地与它作伴，唯一增添一点乐趣的便是还有我们这些零零散散的画画的人。

单轮手推车过去在农村应该是常见物品，有各种用途，我在峨庄见到的这辆里面装满了垃圾，估计是已经废弃了的，已经无人使用了。

难得看到一只色彩鲜艳的非常漂亮的大瓢虫，它拥有红色的外壳、黑色的斑点和半透明的红红的头，这小东西不容易被人注意到，我只是坐在峨庄土泉村画植物时碰巧发现，干脆把它画下来。

这个树桩其实是比较大的，应该是一颗很老的树出于某种原因被砍伐了。峨庄乡还是有很多树林的，但待了有半个月，像这种树桩见得还是不多，古树也不是很多，这可被砍了还是感到比较可惜的。

记忆明信片

图3-56　林旭颖

随处可见的石板凳，常有村里老人坐在那里休息，平凡的生活，淳朴的村民，原始的房屋，古老的树木，清新的空气，这些都是你轻易能感受到的峨庄……

在山东峨庄的村庄几乎都能看到的石板凳，由几块比较规整的石头搭成，经常有路人坐那里休息，尤其是村里大多数是老人，不错！顺便可以看看那张有连续长长的石板的摄影，是我中午拍摄的，你很难想象早晨在这同一个地方有着多么盛大的集市，更难以想象这偌大的集市在短短数个小时就能消失得无影无踪。地上也基本没什么垃圾，惊呆了！随便找了一扇窗户和一簇小花画了一番，比较随兴。另两张人物摄影，都是随手抓拍，一个挂着拐杖、背着木条、背部略弯的老爷爷和一个逢集在路旁炸油条的老大叔。平凡的生活，淳朴的村民，原始的房屋，古老的树木，清新的空气，这些都是你轻易能感受到的峨庄~~

视觉胶卷

图3-57　林旭颖

（图3-56、图3-57）点评：平日的所画所看，以明信片、胶片的形式来制作，也是动了一番脑筋的，内容翔实，描绘细致，形式新颖，是"视觉笔记"的另一种表达。

（六）溪边民居、田园风光

从古至今，大多城市都有自己的母亲河；江南民居喜欢沿溪而建，多是因生活用水、交通便利之故；甚至北方的山村也能从干涸的河床、桥洞中想到当年的潺潺溪水。在我们实习过程中，对于水与村庄兴衰的关系颇有感触，在写生民居、感受田园美景时不忘关注一下人居生活与环境的变化。

荒废的码头，随意而建的旅馆，心情不是太舒服。看似轻松的勾勒，实则无奈，画面的美感并不意味着由衷的赞美。

图3-58 刘辉

今天西塘人满为患，来到十公里外的丁栅镇，这里的老民居已寥寥无几。在河边处有鱼儿嬉戏，也有居民在河边洗菜、洗衣。建筑写生尽量做到每一笔都落到实处，不拖泥带水，笔至形到。

图3-59 刘辉

罗圈峪村某户人家关在铁笼里的公鸡，矫首昂视，目光炯炯有神，目视远方，一看就心怀大志，很不平凡，应当为鸡中之领袖。

图3-60 张中菁

点评：这组动物在造型上不算准确，但与我们的关系那可是"铁"。我们吃饭时，大黄和小花在旁边；睡觉时，他们在门外；写生时，他们形影不离就趴在我们的马扎旁。

今天是值得庆祝的一天，我的生日呐！所以一早就醒啦！！！今日写生对象的元素还是砖石、植物和瓦片屋顶。作品中的砖画不管轻重，太过于均一而实在，反而太密集不好看。

图3-61 张中菁

点评：我倒觉得晕线的密集处理，建筑物的厚重感增强了，缺点只是线条过于拘谨，比如受光处少画一些，暗部处理再放松一些。

人类种族的繁衍生息离不开水源，沿水栖居是人类生活的常态，在查济村由北向南有三条溪流，分别称"石溪""许溪""岑溪"。其中许溪东西横贯村落可以说对村里居民的生活影响最大。

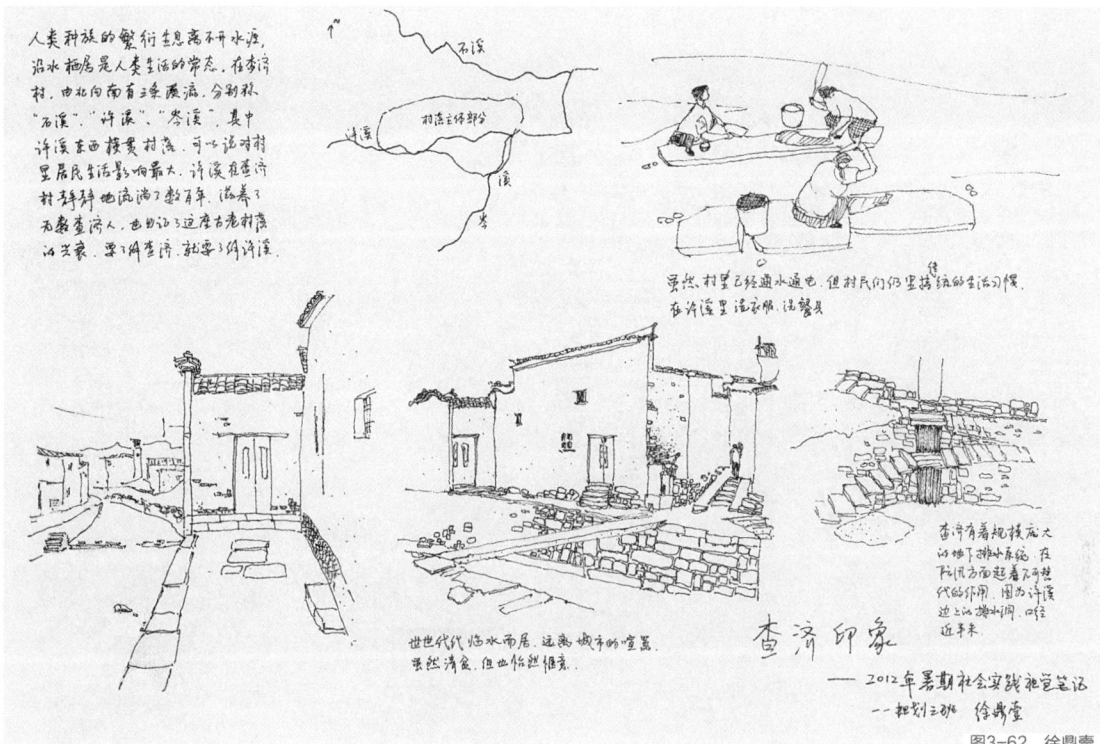

图3-62 徐鼎壹

红桥桥上藤蔓丛生，如瀑布般下垂，蔚为壮观，曰"一帘幽梦"。过桥登亭，俯瞰全景，黛瓦青山，晨光晓雾，与亲切的细弄相较，确是豪迈之感恍若隔世，正似回梦游仙一般。

图3-63 屈信

（图3-62、图3-63）**点评：** 探寻溪水，发掘诸多石桥的故事是一个不错的题材，画面还是略显单薄，过于图示化了。

我们乘坐中巴来到了距离基地四公里远的柏树村。我选择了由大小不一的石块铺设成的小路及两侧的房屋。修建房屋的石头，形状大小相对规则，有一定的规律。而铺设小路的石头则形状扁平，十分有趣。

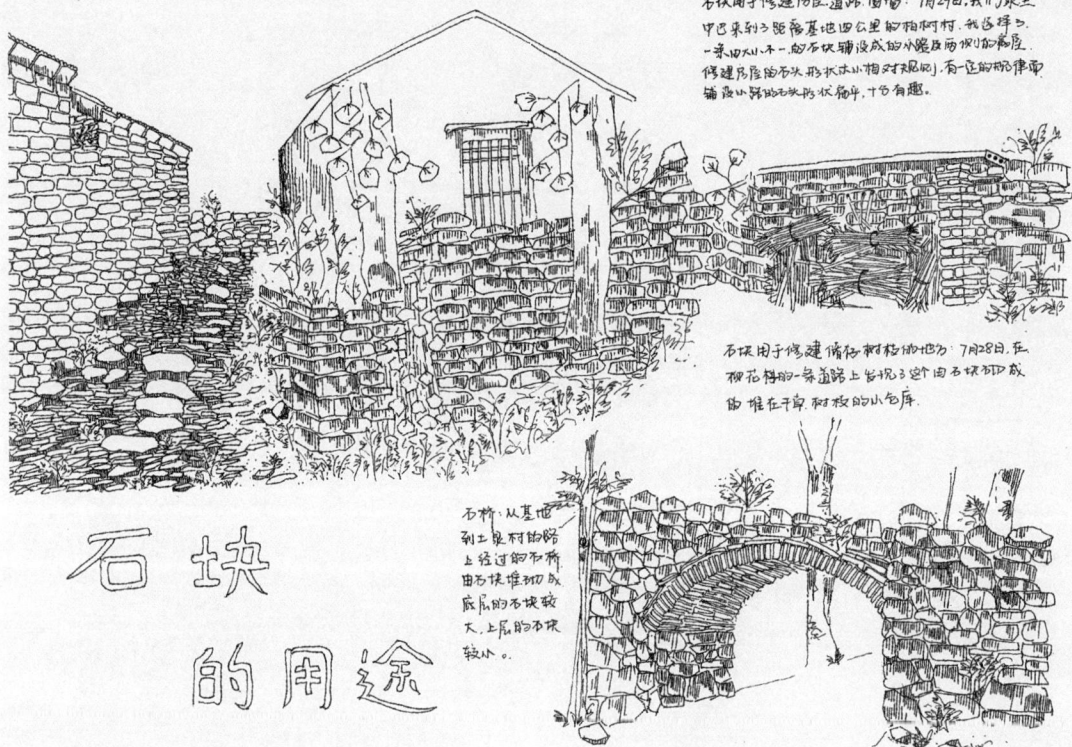

石块用于修建居民通路。图46：7月29日，我们坐中巴来到了距离基地四公里的柏树村，我选择了一条田大小不一的石块铺设成的小路及两侧的房屋，修建房屋的石块，形状大小相对规则，有一定的规律，而铺设小路的石块形状扁平，十分有趣。

石块用于修建储存树枝的地方：7月28日，在棚花树枝上看见了这个由石块砌成的堆在干草树枝的小包屏。

石桥：从基地到上泉村的路上经过的石桥，由石块堆砌而成底层的石块较大，上层的石块较小。

石块的用途

图3-64 傅韵同

点评：北方山村常见荒败的房屋，没有了溪水的河床、桥洞，居民也多见老人与儿童。石头的描绘倒是层层叠叠、一丝不苟，颇有耐心。

图3-65 刘辉

峨庄的生活条件相比前几年已有很大改善，水库也解决了旱季的缺水问题。城里人常来此地小住，享受这里的凉爽，划划船、吹吹风，吃点乡野蔬菜，只是这建筑似乎有些无序……

（七）水乡古镇

暑期带景观专业的学生去西塘实习，这一届女生较多，女生心思细腻，观察也多浪漫、富有情趣，美食、服饰、书屋是她们常去关注的。小镇这几年的变化已不能用"热闹"来形容的，原住民引以为豪的"慢生活""日落而息"早已不存。还好政府早有规划，学校、卫生院、居民的外迁，邻水旅店、商铺的开发还算有序。只不过我们画画都难以寻个场地，奢望游客少一些、安静一些，街面、河道干净一些。

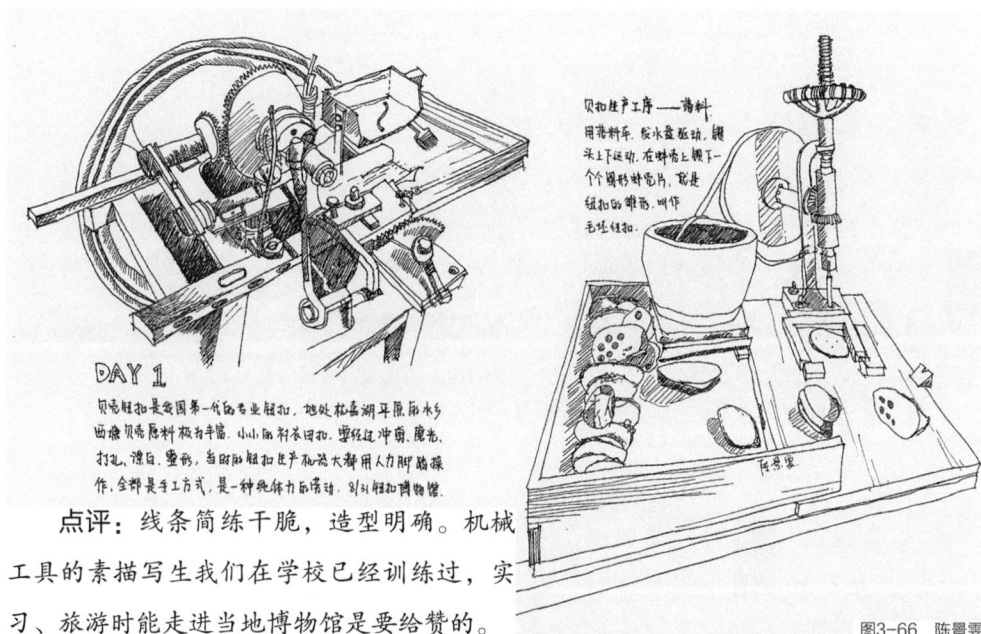

图3-66　陈景雯

点评： 线条简练干脆，造型明确。机械工具的素描写生我们在学校已经训练过，实习、旅游时能走进当地博物馆是要给赞的。

地处杭嘉湖平原的水乡西塘贝壳原料极为丰富。过去衬衣上的小田扣就是用江南盛产的蚌壳做的，小小的衬衣田扣，要经过冲剪、磨光、打孔、漂白、整形，当时的纽扣生产机器大都用人力脚踏操作，完全是手工方式，是一种纯体力的劳动。

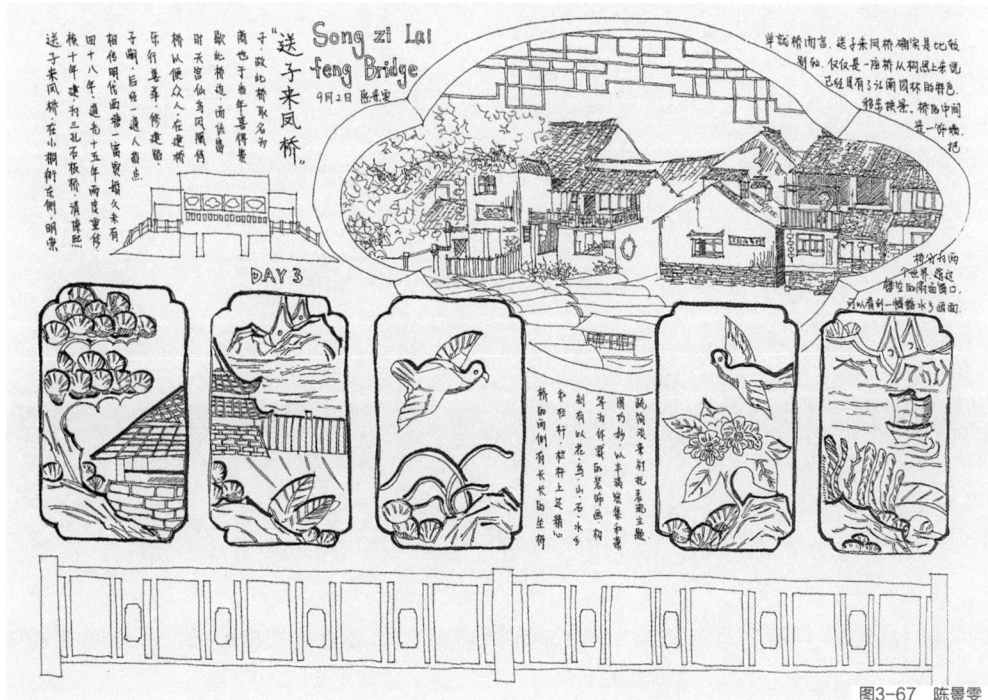

图3-67　陈景雯

送子来凤桥，在小桐街东侧，桥的两侧有长长的座椅和栏杆，栏杆上还精心刻有以花、鸟、山、石、水乡等为体裁的装饰画，构图巧妙，以丰富密集和萧疏简淡来衬托表现主题。移步换景，透过镂空的扇面窗口，可以看到一幅幅水乡画面。

点评： 画面构图具有装饰趣味，别致有趣。

西塘镇以桥多著名，河道纵横，每一座桥或每一组景，都有不一样的感觉。晚上看时，桥影倒影在水中，灯光隐隐约约照着桥。朦胧之中，水波荡漾，桥影微微晃动。"上下影摇波底月，往来人度水中天"，旷达之感盈满心怀。

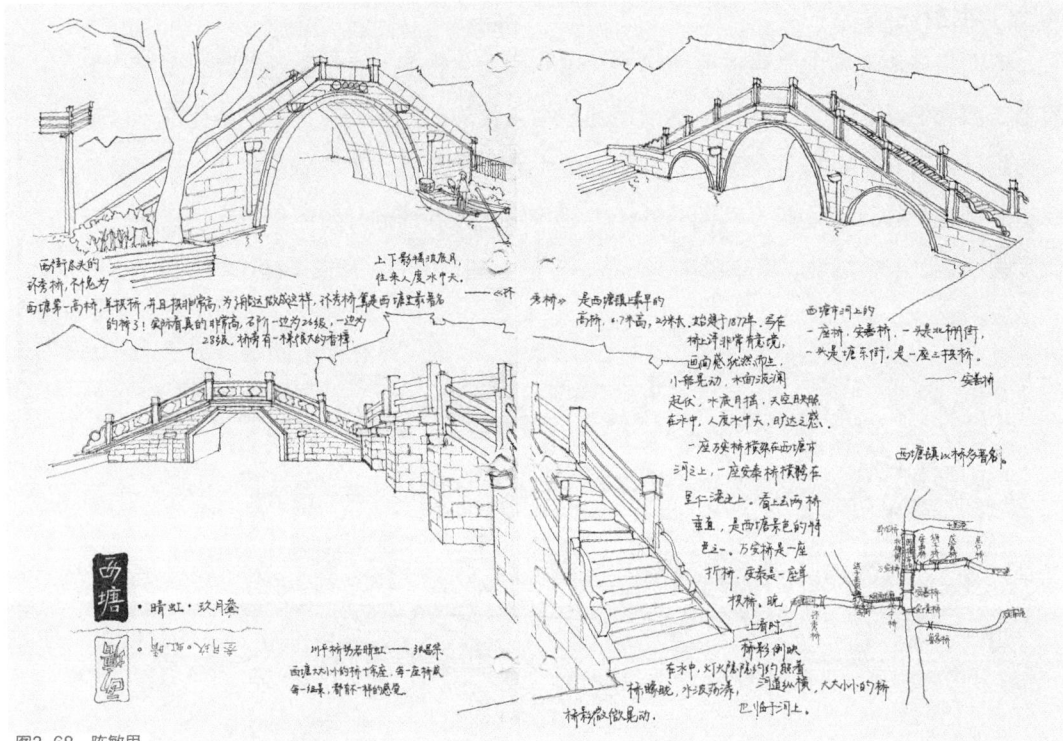

图3-68　陈敏思

与很多古镇一样，街铺由很多别致的小店组成。这家手工制作木质品的店，在木建筑包裹的街道中，显得别有韵味，很多小玩意儿直戳本少女萌点（店名叫做造梦），哈哈哈。

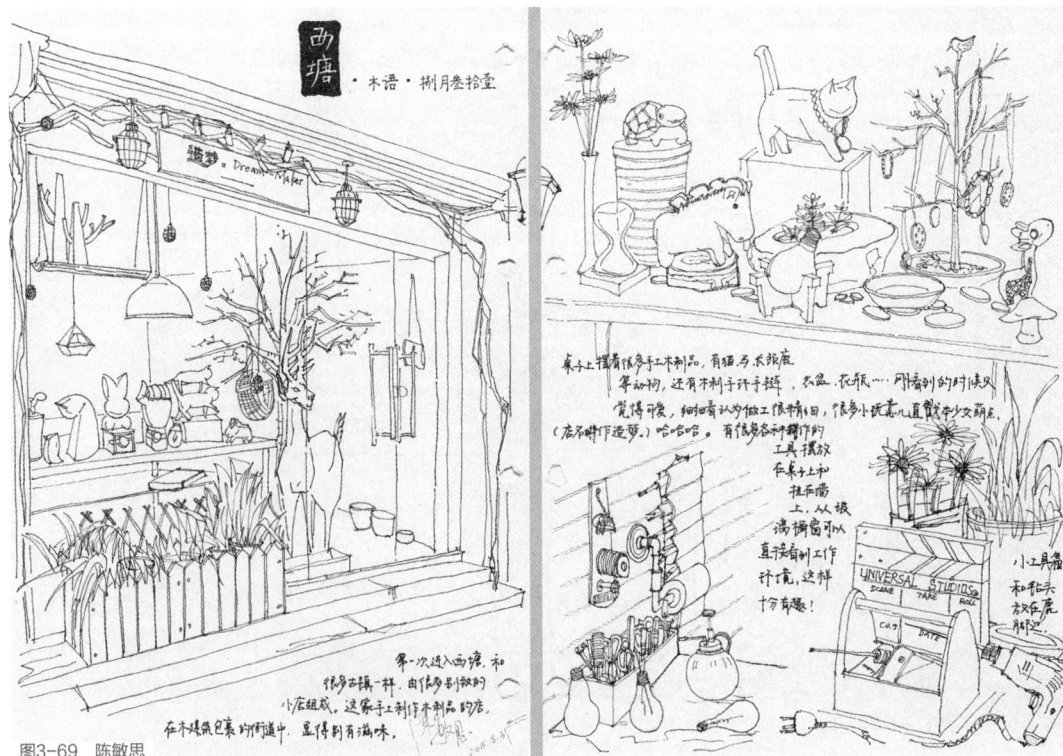

图3-69　陈敏思

（图3-68、图3-69）点评：线条轻松生动，不能再减的背景勾勒衬托桥的实，店铺的木制作勾画亦轻松灵动，虚实有序。

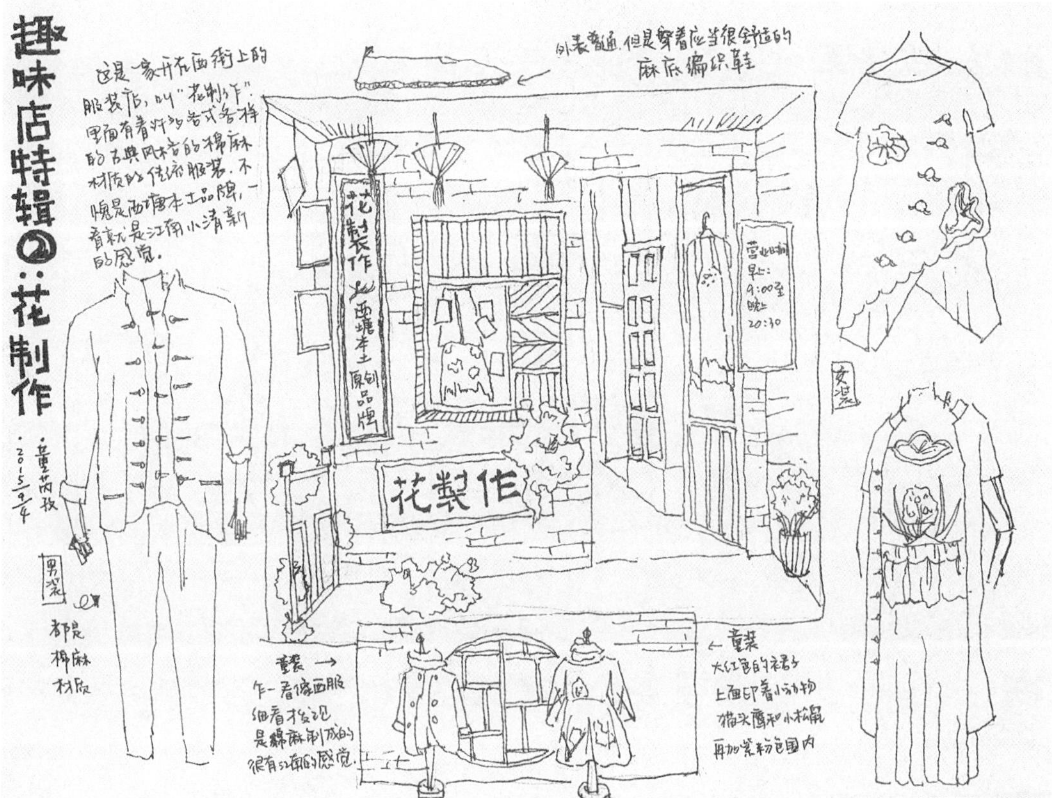

图3-70 董芮孜

图3-71 董芮孜

这是一家开在西街上的服装店，叫"花制作"，立面有着各种各样古典风格的棉麻材质的古典服装。不愧是西塘本土品牌，一看就是江南小清新的感觉。

（图3-70、图3-71）点评：笔法算不上纯熟，抖抖颤颤的笔触与猫的形态倒也契合。每天一两幅，十来天一本视觉笔记留待以后翻阅，追忆往昔、开心一刻。

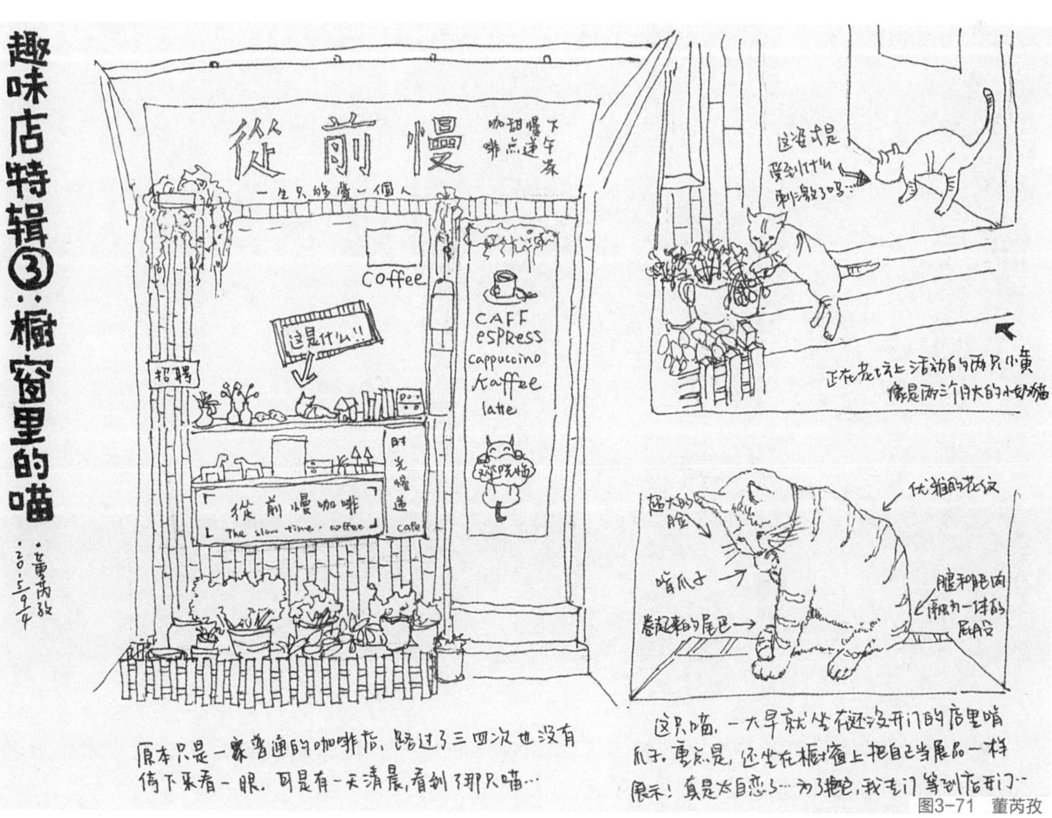

原本只是一家普通的咖啡馆，路过了三四次也没有停下来看一眼，可是有一天清晨，看到了那只"喵"一大早就坐在还没开门的店里啃爪子，在橱窗上把自己当作展品一样展示！真是太自恋了……为了抱抱它，我专门等到了店开门。

西塘西街51号的"瓦当文化展示馆",是古镇民间收藏家董纪法先生收集、陈列的江南水乡民间砖瓦艺术陈列馆。馆内陈列有各色各样的瓦当、瓦当模具、滴水等,有六大类约300个品种。

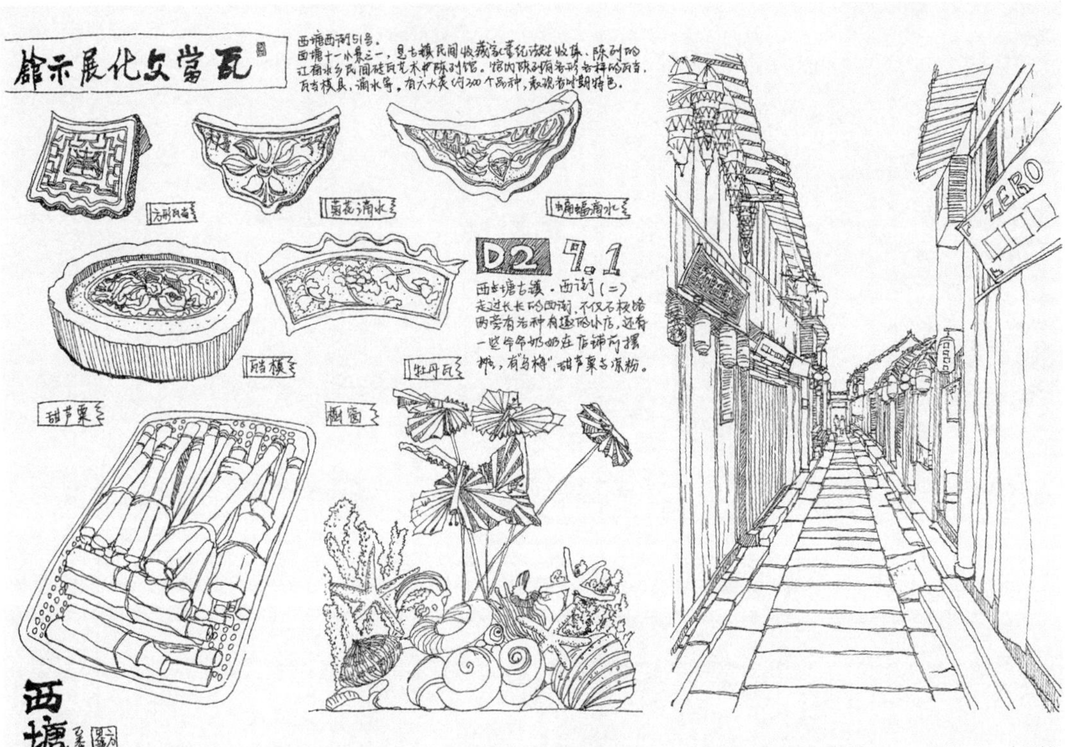

图3-72 方思婷

塘东街,又名酒吧一条街,昼夜风情迥异。白天的塘东街比起西塘其他商业街显得安静许多,只有少量的咖啡厅、纹身店和鱼疗店开张,但到了晚上,这里就变成了火热的酒吧街。

图3-73 方思婷

(图3-72、图3-73)点评:滴水、瓦当等建筑构件的搜集、揣摩是我们对传统的致敬,日积月累的积淀或成为我们设计灵感的源泉。

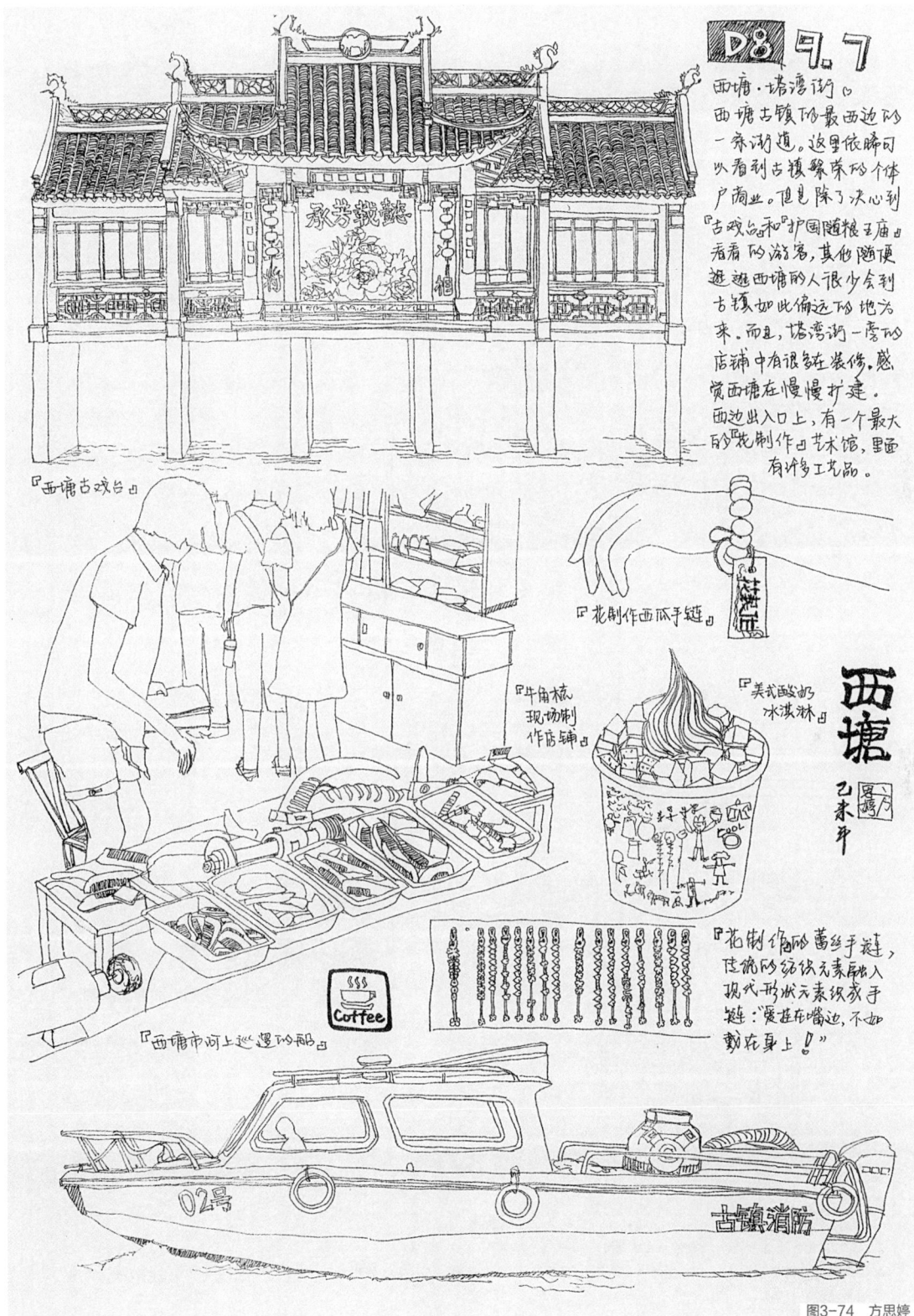

『西塘古戏台』

『花制作西瓜手链』

『牛角梳现场制作店铺』

『美式酸奶冰淇淋』

『西塘市河上巡逻的船』

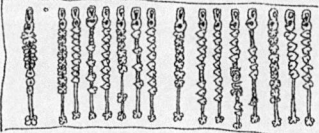

『花制作的蚕丝手链，陆续纺织元素融入现代形状元素织成手链：爱逛在塘边，不如戴在身上！』

西塘古镇的最西边的一条街道叫塔湾街。除了决心到"古戏台"和"护国随粮王庙"看看的游客，其他随便逛逛西塘的人很少会到古镇如此偏远的地方来。西边出入口上，有一个最大的"花制作"艺术馆，里面有很多工艺品。

图3-74 方思婷

点评：视觉笔记就算我们的日记本，没有具体规章，记录一天的所在、所看、所想，只要自己觉得有意思，想画下来、记下来、照下来都可以。或将快乐与人分享，或把心里话写给自己。

文具店的兔子玩偶们表情都很丰富，每只都穿了不一样的小裙子，戴了不同的头饰，歪歪扭扭地摆在一起，感觉会靠在一起窃窃私语。

图3-75　葛俊雯

美景佳人好辰光，低吟浅唱乘风凉。老太太声音清亮婉转动听，离了好几米远也可以听得很清楚，老爷爷的二胡拉得也很好。已经很久没有听到现场版的"戏"了，衬着这烟雨朦胧水色，像是真的回到了从前古时候的西塘。

图3-76　葛俊雯

（图3-75、图3-76）点评："蒙太奇"手法的构图，兔子玩偶们似乎闻到了美食的香味，各具表情。空间、时间的转换正是视觉笔记的灵活之处，有别于通常的对景写生。

卧龙桥：桥上有对联——"修百年崎岖
之路，造千万来往之桥。"《苇川棹歌》有诗为证：
"卧龙桥耸势峥嵘，俯瞰川原眼界开。传说忠王曾到此，
石栏杆畔久徘徊。"

这座桥是单孔步级石桥，全长31.46米，宽5米，高5.5米，是全镇最高的一座桥。从桥下可窥见
两岸美丽风光。踏上石阶又将周围景色尽收眼底。站在高处，俯瞰远处的石板小巷，高低错落着青瓦屋檐，
映衬着蓝天白云实在非常美丽。旁边河面偶有船夫曳舟划过，三三两两行人结伴同行，将西塘悠闲清静的气氛衬托得淋漓尽致。

从卧龙桥下可窥见两岸美丽风光，踏上石阶又将周围景色尽收眼底。站在高处俯瞰远处的石板小巷，高低错落，青瓦屋檐，映衬着蓝天白云实在非常美丽。旁边河面偶有船夫曳舟划过，三三两两行人结伴同行，将西塘悠闲情景的气氛衬托得淋漓尽致。

图3-77 葛俊雯

总结一下小清新店铺必备的元素：①麻绳；②木质招牌；③小黑板；④吊兰；⑤小盆栽；⑥手写的歪歪扭扭的字。好啦，都听清楚了吗？可以开店啦！路过了多家看起来十分文艺的奶茶店，最终走进了"猫空"这家在上海去过无数次的店铺……

图3-78 胡扬芊芊

石皮弄是西塘最长的弄堂，弄深而窄，石薄如皮，故名石皮弄。建于明末清初，由166块石铺成，弄面平整，下为下水道。两侧山墙有6至10米高，至今完整地保留着古老又独特的风姿。

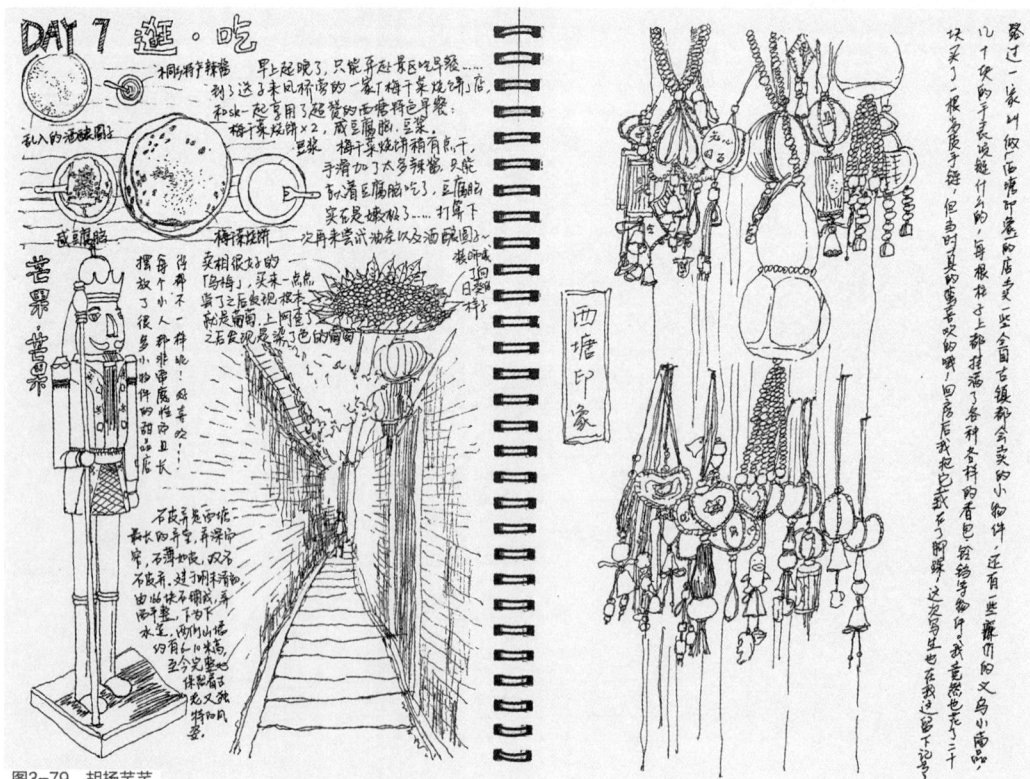

图3-79 胡扬芊芊

（图3-78、图3-79）**点评**：画技虽有些稚嫩，但内容翔实，观察也很仔细，想必以后设计个小店，甚至开个书屋什么的也不成问题。实习需要我们做的，不就是观察、记录、体验吗？

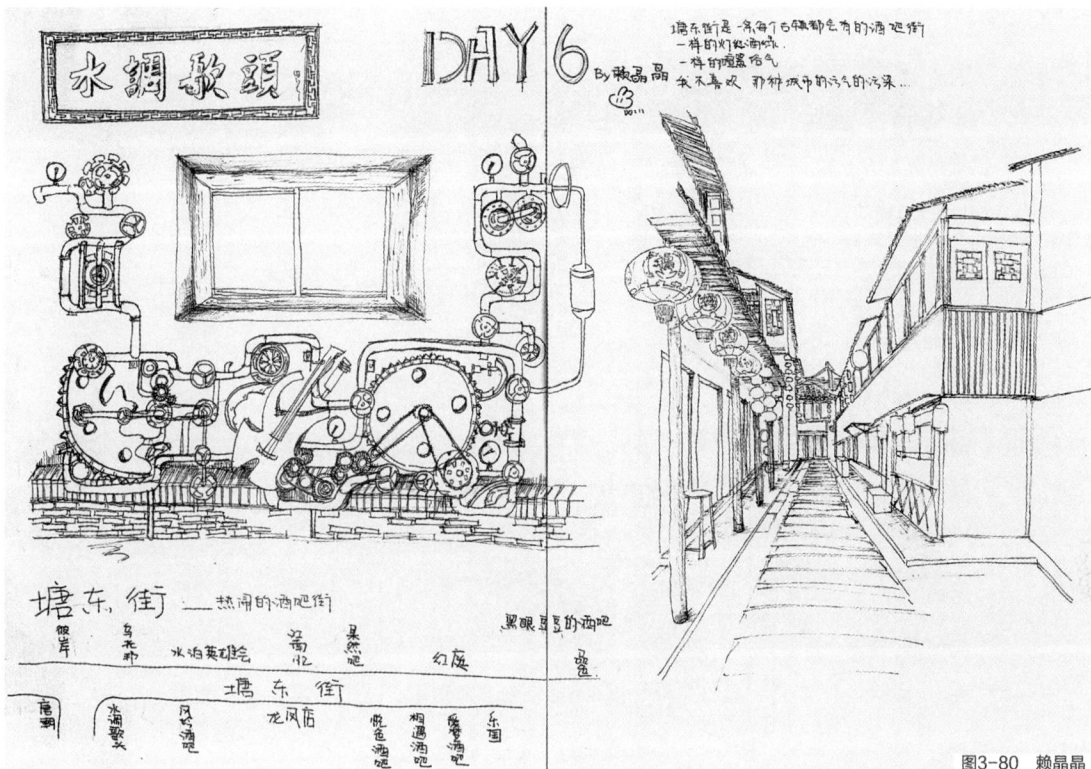

图3-80 赖晶晶

塘东街是一条每个古镇都会有的酒吧街，一样的灯红酒绿，一样的喧嚣俗气，我不喜欢！那种城市世俗是对这个小镇的污染。

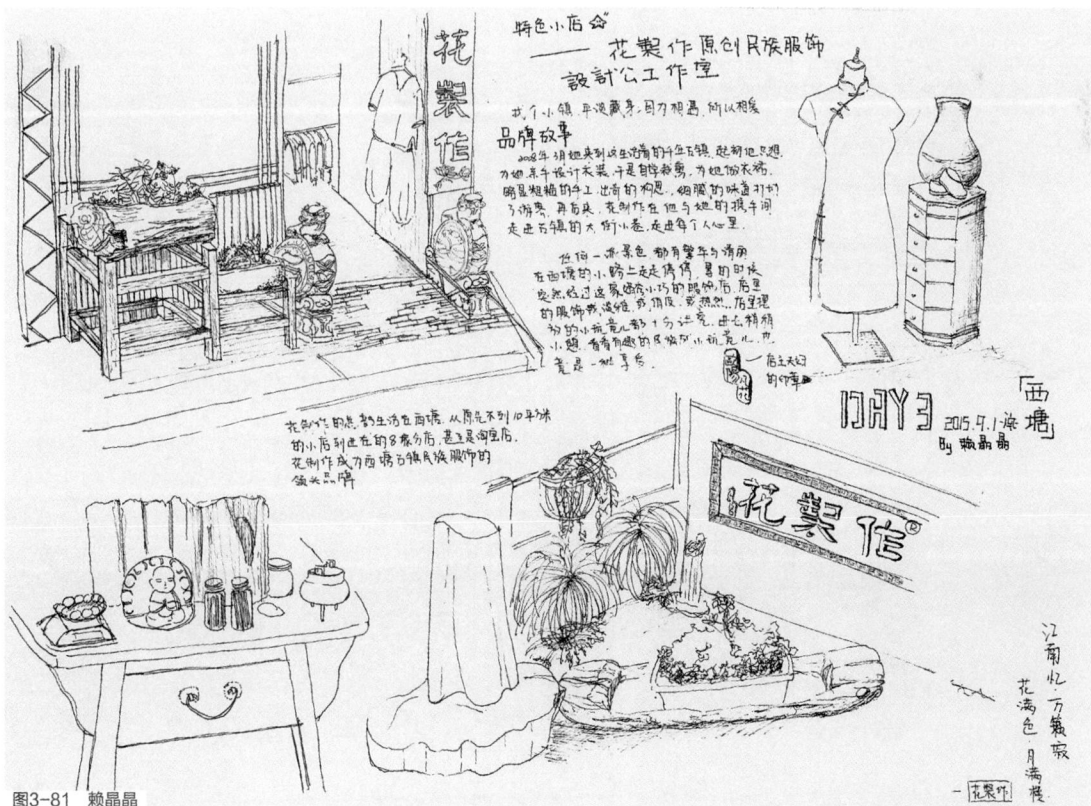

图3-81 赖晶晶

找个小镇，平淡藏身，因为相遇，所以相爱。江南忆，万籁寂，花满色，月满楼。

（图3-80、图3-81）点评：同学们厌倦酒吧街的喧嚣俗气，却对一个我不曾进去过的"花制作"小店趋之若鹜，或许因为他们秉承民族理念，追求个性的品质服饰有关吧，下次我也去看看。

西塘的"烟雨长廊"多为砖木结构，集中在北栅街、南栅街、朝南埭等商业区，是江南水乡中独一无二的建筑，以其独有的绰约风姿吸引了中外游客，在静悄悄的晨昏时刻，漫步在廊棚下，有一些很怀旧的心情。

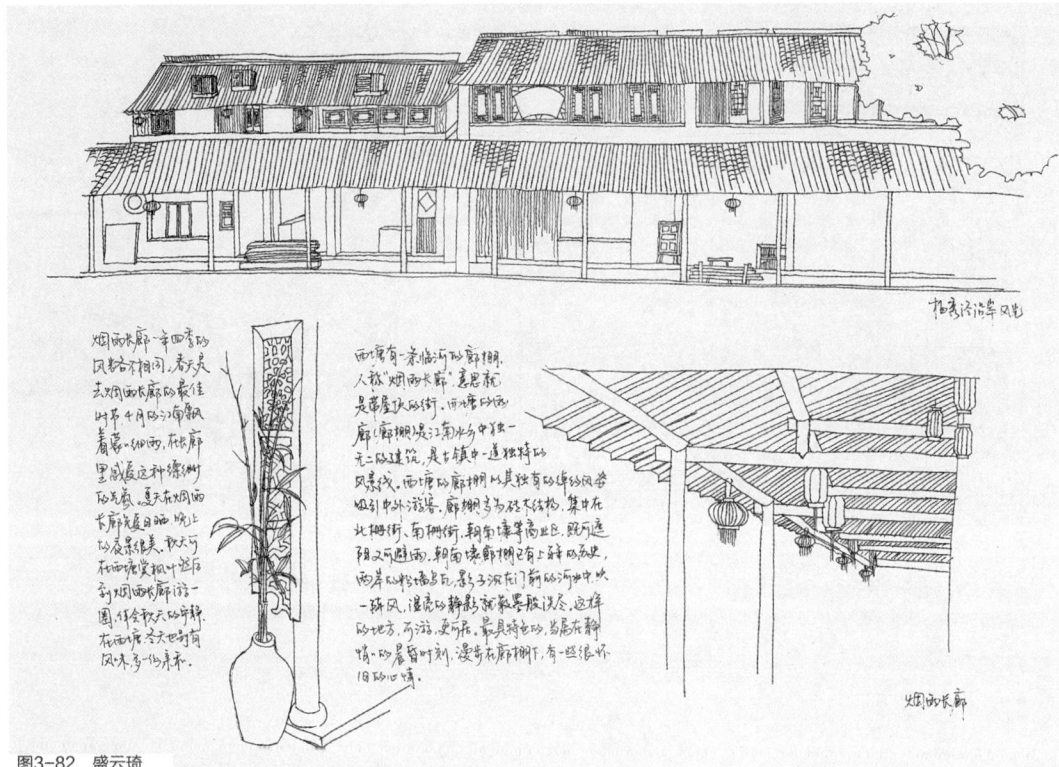

图3-82　盛云琦

种福堂系清代王氏私邸。前后七进加一后花园，为典型的明清民居风格。其第三进为正厅，即"种福堂"，本厅特色为正厅，东侧有帐厅，西侧有后弄，楼面铺砖。厅堂悬挂"种福堂"的匾额，以告诫后人平日多行善积德。

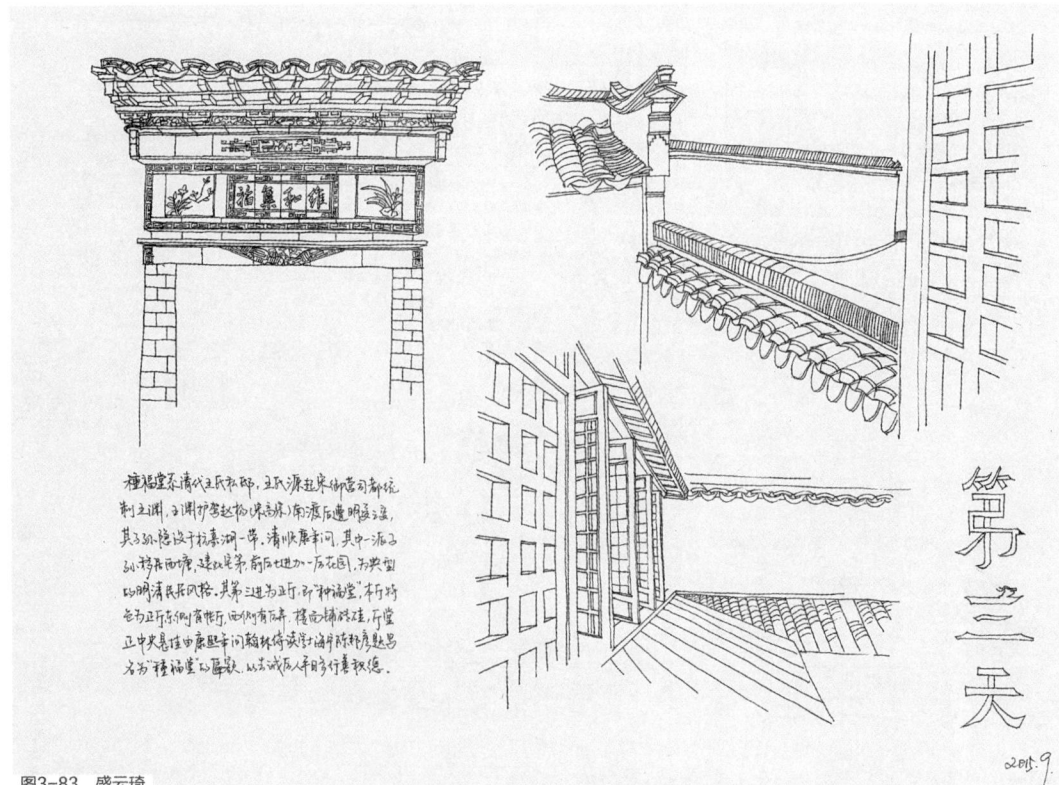

图3-83　盛云琦

（图3-82、图3-83）点评：几何图形样式构图，结构造型倒也表达得清晰、不单调。

由于是商住结合，这些店铺非常注重生活气息，在装点上颇费心思，自制各式招牌、挂件，以此显示其个人情怀。

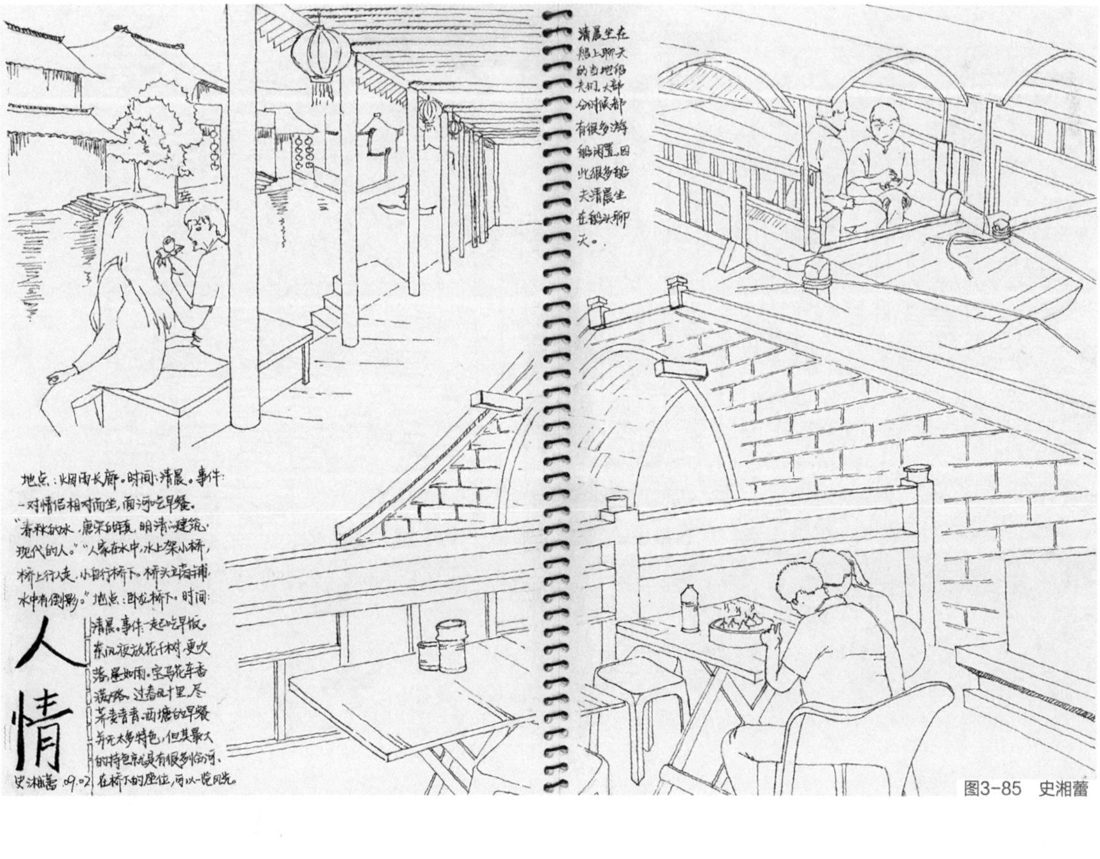

图3-84 史湘蕾

春秋的水，唐宋的镇，明清的建筑，现代的人。人家在水中，水上架小桥，桥上行人走，小舟行桥下。桥头立商铺，水中有倒影。

图3-85 史湘蕾

（图3-84、图3-85）点评：构图错落有致，穿插也很自然，只是画面略显深入不够。

西塘
DAY7
泰迪之家小旅馆＋咖啡厅
2015.9.5(六) 40'

西塘写生之行过半了,感觉在西塘时间过得比较冲快,大概是因为在这阵画画都是快到中午才起床,然后下午还要睡个三、四个小时的觉。今天在宾馆里宅了一整天,出门最远的距离是去起印象吃的。西塘本是一个一二日游的地方,却待了这么久,其实也有好处,对这个地方每一天都了解得更多点,又把街道巷弄、店铺逐渐熟悉。还有很多攻略上那些的小吃还没进肚,且一天一定把它们全部找到并消灭掉!

西塘
DAY8
2015.9.6(日)

早餐

梅干菜烧饼

野猫弄
石皮弄

破弄比野猫弄稍宽一点,但也比较热闹窄得多,两人同过有些困,只能是"one people come"石皮弄方意思是"石薄如皮"很有趣...

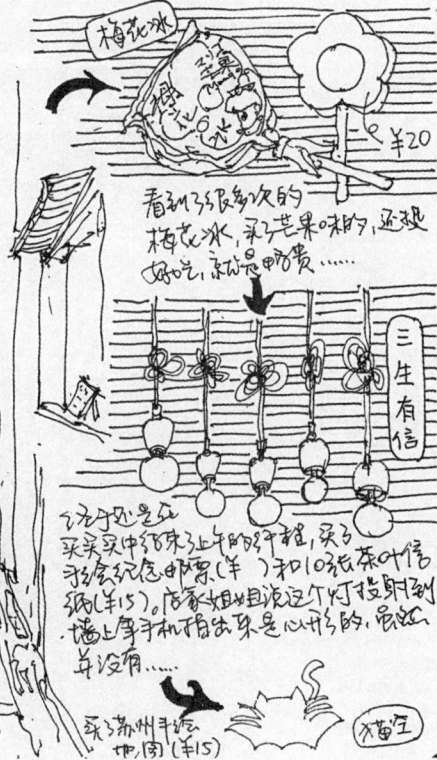

梅花冰
¥20

看到了很多次的梅花冰,采了芒果味的,还挺好吃,就是略贵......

三生有信

图3-86 孙可

西塘本是一个一二日游的地方,我却待了这么久,其实也有好处,对这个地方每天都了解得更多一点,对街道、巷弄、店铺渐渐熟悉。还有很多攻略上推荐的小吃还没进肚,过几天一定把它们全部找到并消灭掉!

西塘
魔性小玩
意儿。

图3-87 孙可

（图3-86、图3-87）**点评：**作者很勤奋、能画，厚厚的一本日记都画满了。心思缜密，学习、生活、娱乐、感受都一一记录，速写技巧可以说是完美。

在商业化的过程中，西塘早已失去了它的"古"韵，如同众多复制出来的景点一样。在这里，我为西塘以及家乡的三坊七巷共同感到遗憾。

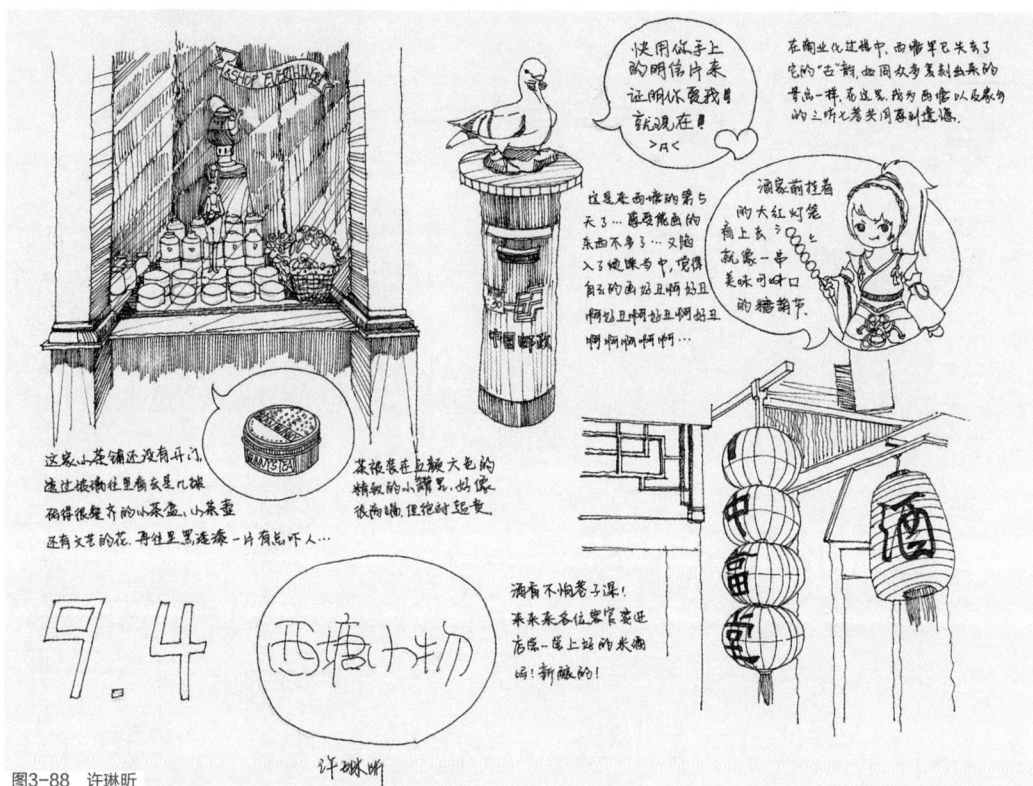

图3-88 许琳昕

闲来无聊，画了一张一点都不像自己的自画像，西塘的人好多啊，坐在桥边画画都快被挤下去了。好喜欢这种水波粼粼、柳絮飘飘的感觉啊，这次写生真的非常开心闲适，而且我超喜欢到处"捕捉"各种猫的镜头，感觉真小清新！

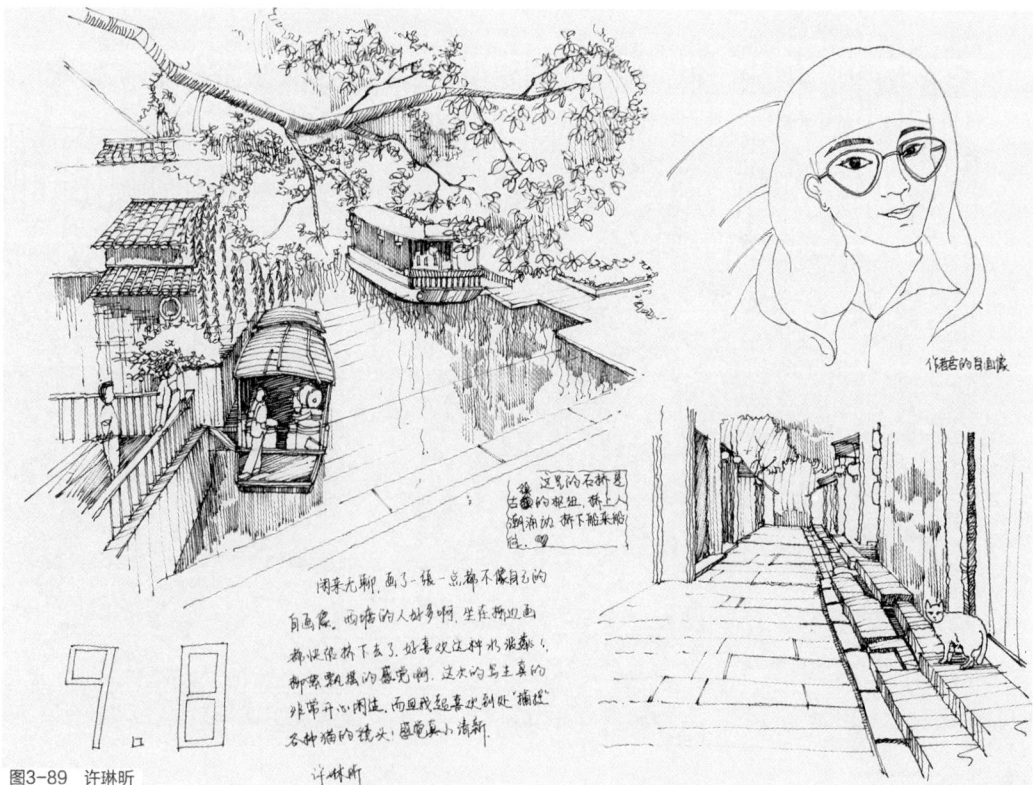

图3-89 许琳昕

（图3-88、图3-89）**点评**：景物细节的组织罗列，肖像的描绘好像"画外音"，生活就是这样，爱恨交织，也要继续。

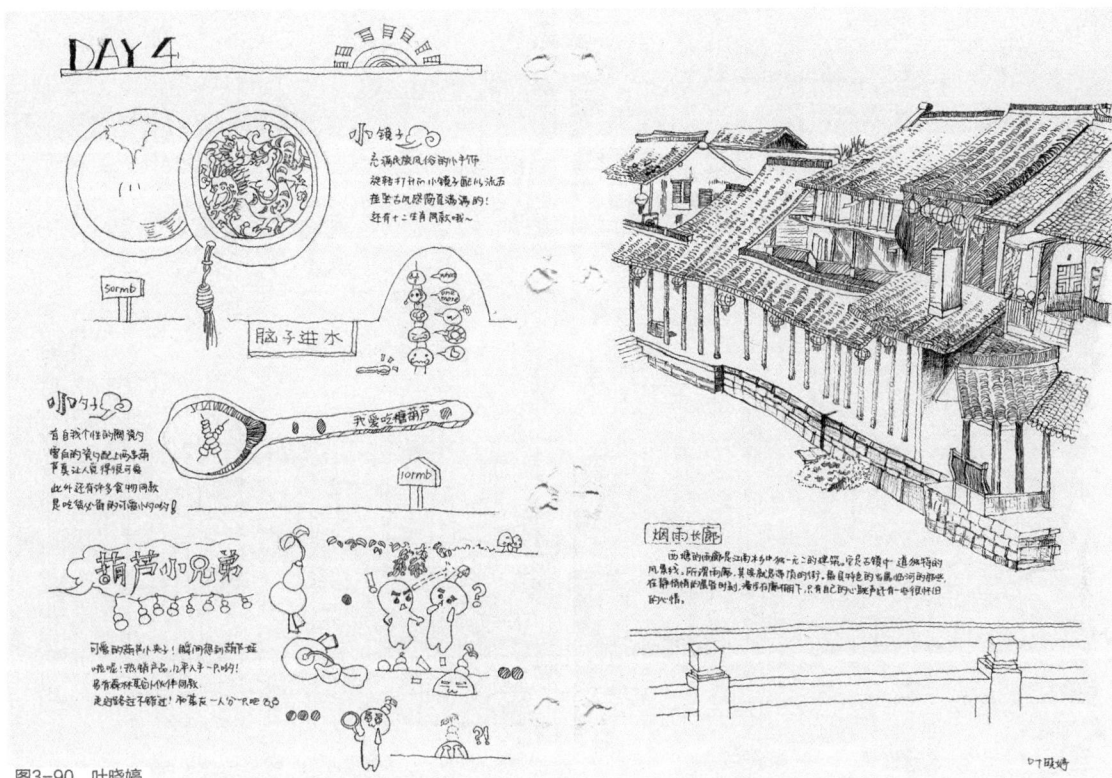

所谓雨廊，其实就是带顶的街。最具特色的当属临河的那些，在静悄悄的晨昏时刻，漫步在廊棚下，只有自己的心跳声透露着怀旧的心情。

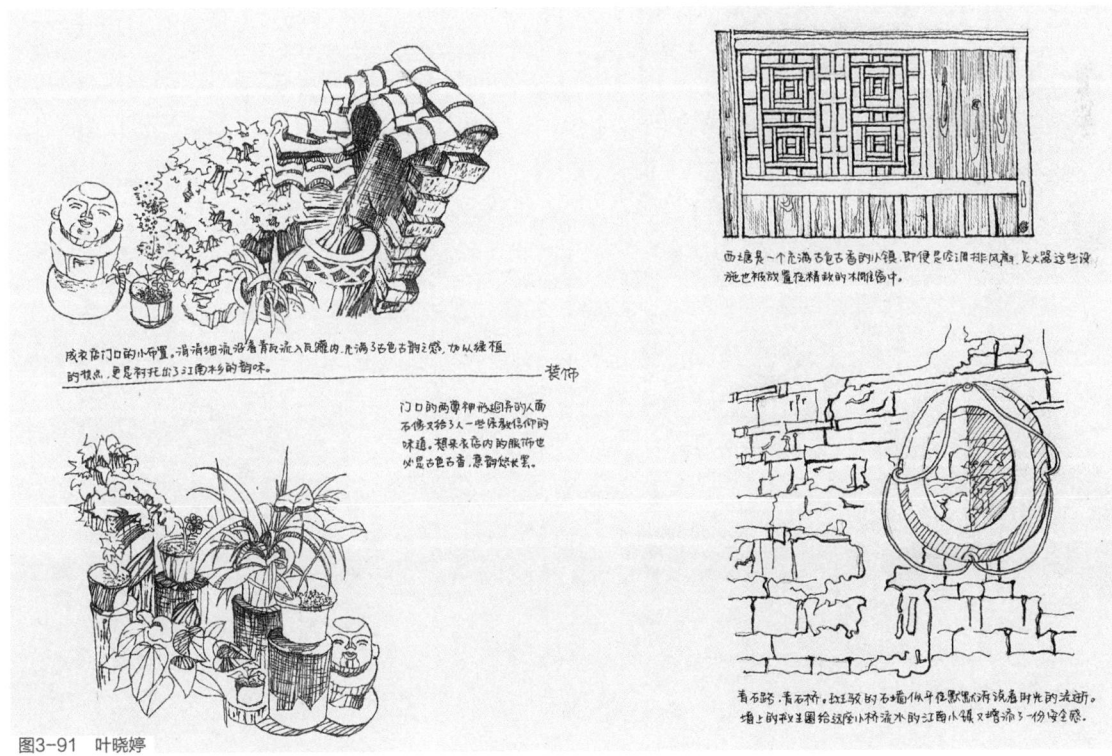

图3-90　叶晓婷

西塘是一座充满古色古香的小镇，即使是空调排风机、灭火器这些设施也被放置在精致的木雕窗中。青石路、青石桥、斑驳的石墙似乎在默默诉说着时光的流逝。墙上的救生圈给这座小桥流水的江南小镇又增添了一份安全感。

图3-91　叶晓婷

（图3-90、图3-91）点评：小镜子、门店摆设、不起眼的救生圈悉数收入画中，哪还在意画技，关注、喜欢就好。

虽然坐落于喧闹的酒吧街，"猫的天空之城"概念书店一直深受猫奴与文艺青年们的喜爱。

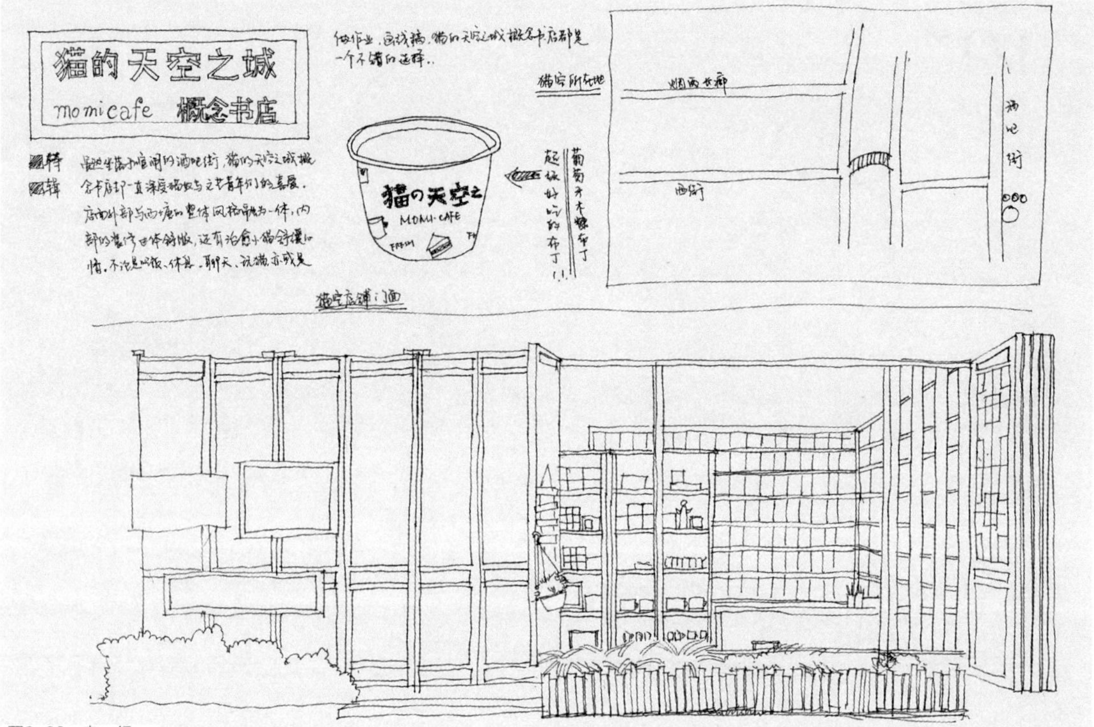

图3-92 袁一超

店面外部与西塘的整体风格融为一体，无论细节还是大体上非常有爱，在这里待一个下午是非常美好的呢！

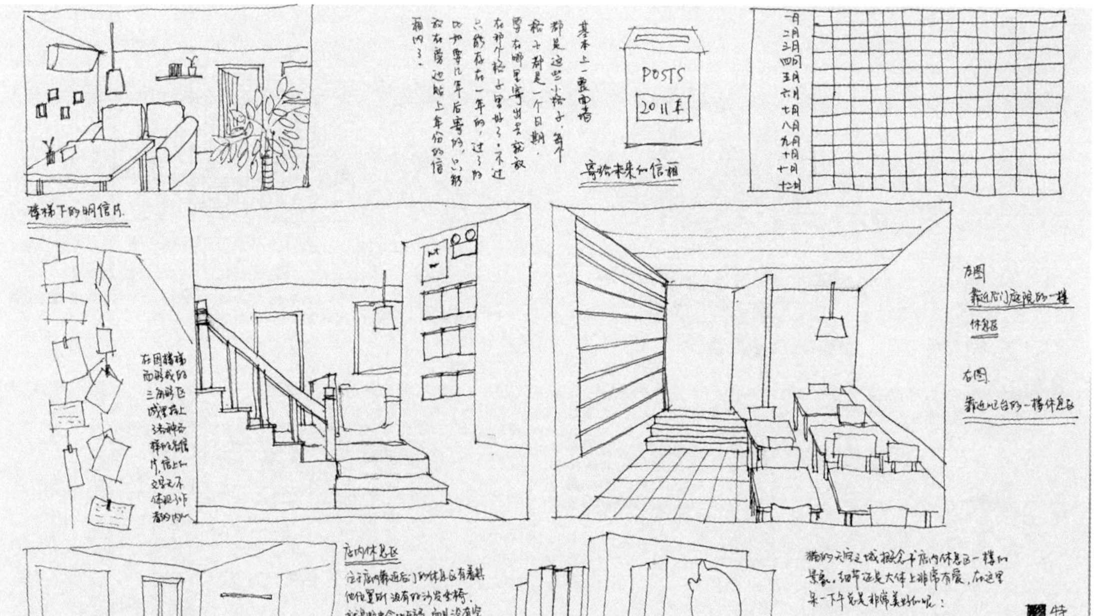

图3-93 袁一超

（图3-92、图3-93）点评：只是轮廓勾勒，笔法轻松、明快，指示图、内部结构、读书空间也一应俱全。简明的画法与书屋环境氛围很搭啊，内容全面、构图谐调、不拥挤。

图3-94 张力曼

在封建社会，像五姑娘这样的自由恋爱很容易受到压迫，所以这样的故事一旦写出来，就会流传很广，但故事就算不提，公园也很美。

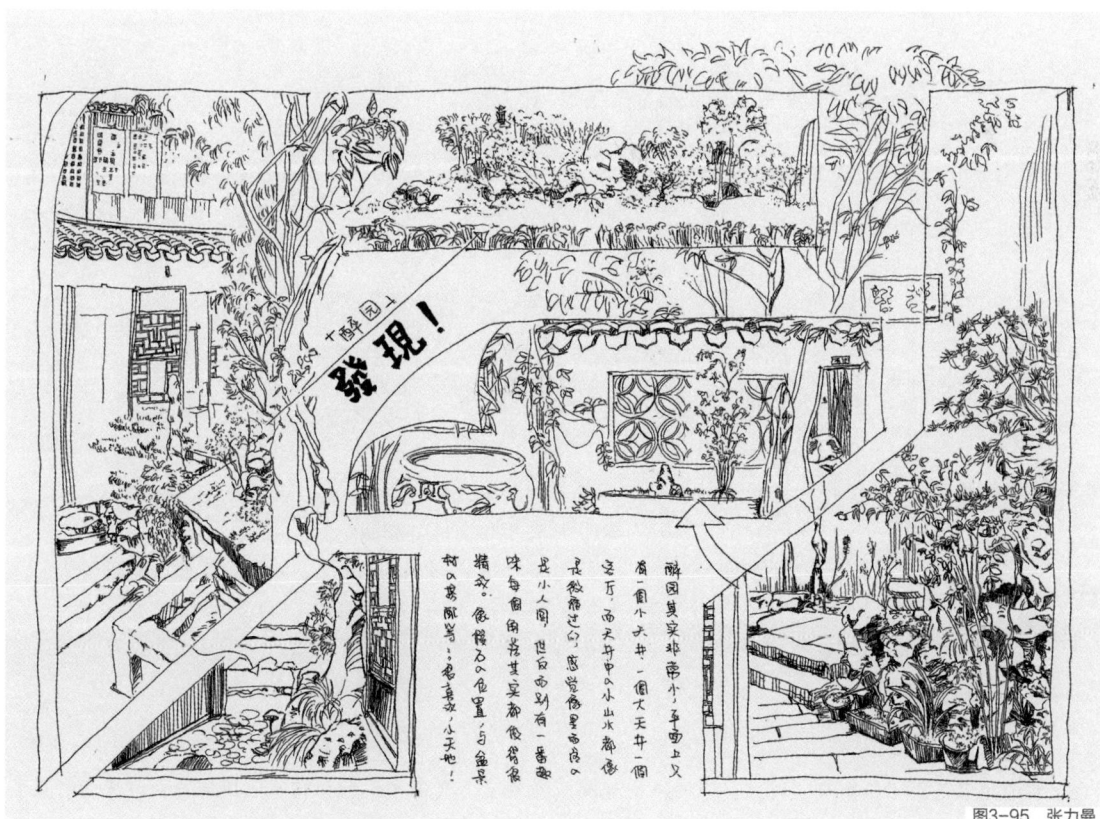

图3-95 张力曼

醉园其实非常小，平面上只有一个小天井、一个大天井、一个客厅，而天井中的小山水都像是微缩过的，感觉里面住的是小人国，但反而别有一番趣味，每个角落其实都做得很精致。如假石的位置，与盆景树的搭配等。很喜欢，小天地！

（图3-94、图3-95）**点评：**画面构图非常好，几何图形的互为穿插，似是廊柱、花窗的挪动、改变，加以盘曲嶙峋的枝干，有层次、有景致，所谓一步一景，古朴清雅。

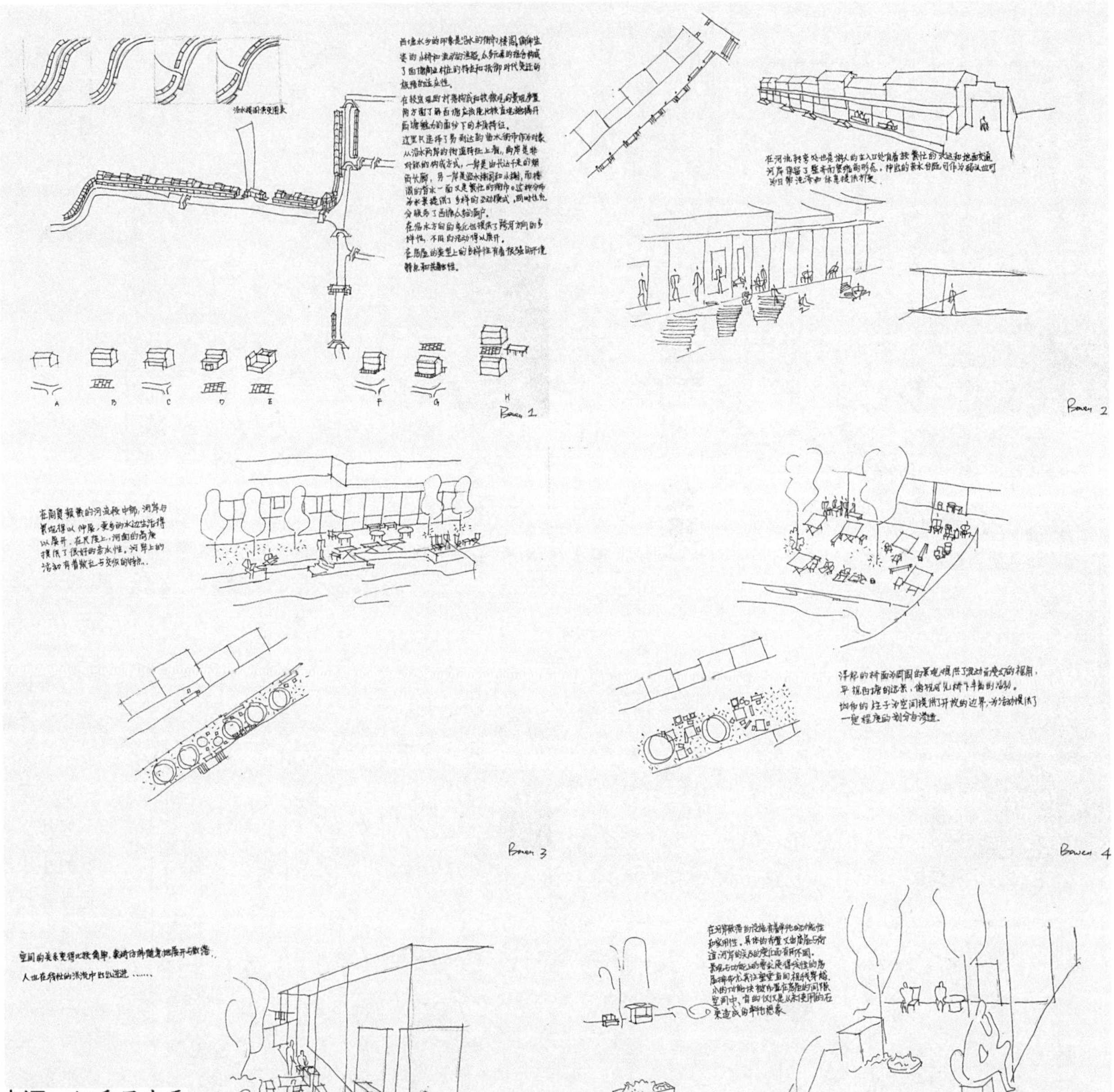

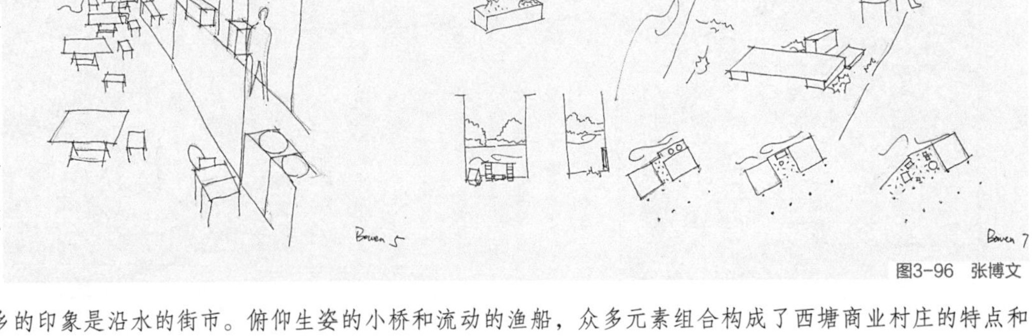

图3-96 张博文

点评：似乎男生更注重整体布局的关注，观察体验人居、商业、环境之间的联系，设计师的简练手法表现，颇有自己的见解。

西塘水乡的印象是沿水的街市。俯仰生姿的小桥和流动的渔船，众多元素组合构成了西塘商业村庄的特点和抵御时代变迁的极强适应性。这里只选择了易到达的临水街市作为对象，从沿水两岸的街道特征上看，两岸是非对称特点的构成方式，一岸是由长达千米的烟雨长廊，另一岸是临水楼阁和小树，而楼阁背水的一面又是繁华的街市，这样的分布为水景提供了多样的互动模式，同时也充分服务了西塘人的商户。

附：钢笔建筑画与视觉笔记教学安排

学期	艺术造型课程节点	课时	教学内容	作业量
第一学期	素描	4学时/17周		
第二学期	一 钢笔画技法	4学时/6周	钢笔画写生技法	6幅
	二 校园景观表现	4学时/5周	校园景观写生与视觉笔记表现	5幅
	三 城市景观表现	4学时/6周	城市景观写生与视觉笔记表现	6幅
实习	四 写生实习	50学时/2周	民居建筑写生与视觉笔记表现	15幅

感谢：

多年来，我在教学中尝试、探索、坚持艺术造型基础的教学方式方法，在与同事、同学们的交流中，收获了"教"与"学"的自信。在此书的编写过程中，特别感谢何伟、刘见谷先生以及同事的大力帮助，无私给予作品范例与指教！感谢所教过的同学们给予的配合与勤奋！此书的顺利出版，也得到前辈严忠林、张奇老师的关爱与鼓励，对编辑的信任与辛劳也一并致谢！

刘　辉

2015年12月